KB113785

자연을 비추는 거울

도감이라는 것

자연을 비추는 거울

도감이라는 것

펴낸날 2018년 7월 16일
지은이 조영권

펴낸이 조영권
만든이 노인향, 김영하, 백문기
꾸민이 토가 김선태

펴낸곳 자연과생태
주소 서울 마포구 신수로 25-32, 101(구수동)
전화 02) 701-7345~6 **팩스** 02) 701-7347
홈페이지 www.econature.co.kr
전자우편 econature@naver.com
등록 제2007-000217호

ISBN : 978-89-97429-95-0 03400

자연을 비추는 거울

도감이라는 것

조영권 지음

자연과생태

여는말

도감을 생각합니다

독자로서 편집자로서 늘 도감과 더불어 지내 왔습니다. 도감을 짓고 엮고 보는 사람들도 늘 주변에 있습니다. 그런 가운데에도 불현듯이 '내가 왜 도감을 만들고 있지?'라든가 '도감이 뭐지?' 같은 의문이 들곤 했습니다. 그러면 불쑥 튀어나온 의문을 고스란히 끄집어내어 골똘히 살폈습니다. 스스로 어떤 가치를 좇으며 어디로 나아가는지를 뚜렷하게 알고 싶어서입니다.

도감(圖鑑)은 실물 대신 이미지를 담아 엮은 책입니다. 도감에서 '감'자는 거울을 말하며 사물을 비추어 살펴보도록 한다는 뜻입니다. 말 그대로라면 생물 도감은 '생물을 비추는 거울'입니다. 그런데 도감을 하나둘 펴내고, 스스로에게 묻고 답하기를 거듭하면서 도감이 지닌 뜻이 거기에서 그치지 않는다는 사실을 알았습니다. 도감을 짓고 엮는 일은 자연을 비추고, 사회를 비추고, 자신을 비추어 내가 선 자리와 모습까지 살피는 일이었습니다.

'자연을 비추는 거울'은 왜곡 없이 매끈하며, 속을 들여다볼 수 있도록 깨끗해야 합니다. 그리고 많을수록 좋습니다. 매끈하고 깨끗한 거울을 더 많이 만들려면 도감을 짓는 분(저자), 살펴보는 분(독자), 엮는 분(편집자)이 도감의 본질, 더 나은 도감을 만드는 길을 함께 고민하고 의견을 모아야 한다고 생각했습니다. 그래서 생각이 그리 여물지 못한 이때에 달려온 시간, 지금 선 자리를 비추어 생각을 정리해 책으로 펴냅니다.

이 책 앞쪽에서는 도감이 무엇인지에 초점을 맞추고 도감에 담긴 뜻, 가치, 역할, 나아갈 길을 생각해 봅니다. 뒤이어서는 도감이 상품으로서 지닌 가치와 특성, 도감 만드는 과정을 살펴봅니다. 자연을 비추고 이면까지 이해하는 일이 도감의 '이상'이라면 출판 시장에서 상품으로 자리매김하는 것은 발로 딛고 선 '현실'이기 때문입니다. 이와 더불어 도감을 짓고 엮을 때 저자나 편집자가 살펴야 할 내용도 정리합니다. 이상과 현실이 믿음직한 모양을 갖춰 세상에 나오길 바라서입니다.

이 책이 도감을 둘러싼 주체인 저자, 독자, 편집자가 서로를 더욱 이해하는 데 도움이 되기를 바랍니다. 아울러 도감의 본질과 나아갈 길을 놓고 함께 더욱 뚜렷한 답을 찾고 싶습니다.

2018년 7월

조영권

일러두기

❖ 도감 기획·편집자로서 겪고, 분석한 내용만 실었으므로 단정 지은 내용이 있더라도 한 가지 견해로 보아 주시기를 바랍니다.

❖ 도감이라는 좁은 분야 책에 집중하고, 그 특성에 따라 접근하고 정리했기에 이 책에 담긴 내용이 모든 분야 책에 적용되지는 않습니다.

❖ 이 책에서 말하는 도감은 모두 생물 도감입니다.

차례

여는말 _ 4

도감 살피기

도감을 내는 마음 _ 12
완벽한 도감? _ 16
약속하지 않은 협업 _ 20
거짓, 어림, 섣부른 판단은 안 될 일 _ 23
도감 저자 유형 _ 30
도감 종류 _ 36
학명, 국명, 향명의 무게 _ 49
도감 독자 유형 _ 58
도감 모양 넓히기 _ 68
기다리기보다 다가가기 _ 76

도감 펴내기

출판 원리 _ 80
도감 출판 장단점 _ 86
편집자의 딜레마 _ 96
도감 디자인 특징 _ 102

도감 사진 특징 _ 107
시리즈가 많은 까닭 _ 113
저자 찾기 _ 124
출판 계약 _ 131
원고 준비 _ 135
도감 글쓰기 _ 143
편집자의 시간 _ 151

도감 다듬기

제목 짓기 _ 162
누가 저자인가? _ 166
머리말, 일러두기, 차례 _ 171
학명과 고유명사 표기 규칙 _ 177
주요 내용 추출 _ 189
참고문헌과 찾아보기 정리 _ 194

맺는말 _ 206

도감 살피기

도감을 내는 마음

도감은 사람이 자연을 인식하고 이해하려는 도구이자 노력입니다. 그런데 도감 하나 쥐고 자연 앞에 서면 초라해집니다. 크고 다채로우며 역사가 긴 자연에 비추어 볼 때 도감은 단편에 지나지 않기 때문입니다.

여러 도감에 담긴 정보가 나름대로 가치 있지만 자연을 알아 가는 데는 첫걸음을 떼는 수준이라는 데 많은 사람이 동의하리라 생각합니다. 아무리 그럴듯한 도감이더라도 참새를 가리키며 '저건 참새야'라고 말하는 정도와 크게 다르지 않습니다. 그래서인지 도감으로 자연을 이해하려는 시도가 마치 꼬마가 작은 돋보기를 손에 들고 우주로 나서려는 것처럼 무모하다고 생각할 때도 있습니다. 그래도 모든 일의 첫걸음은 이랬으리라 생각하며 제자리를 찾아 펴즐

한 조각을 놓듯 도감을 펴냅니다. 꾸역꾸역 조각을 맞춰 가다 보면 언젠가는 자연의 샛문이라도 살짝 열 수 있으리라 기대합니다.

자연에 한발 더 다가선 사람들이 도감을 짓고 자연으로 발을 내딛는 사람들이 도감을 찾습니다. 편집자와 출판사는 그 둘 사이에 다리를 놓습니다. 도감이 정보를 전달하는 실용책이라는 옷을 입었지만 도감을 짓거나 보는 사람들은 정보를 전달하고 습득하기만을 바라지 않습니다. 자연으로 들어서는 샛문의 빗장을 함께 당길 동료를 찾으려는 바람이 더 큽니다.

지금까지 함께 도감을 펴낸 저자의 마음은 거의 비슷했습니다. '제가 한 분야에서 숱하게 고생하며 모은 자료를 정리해 도감으로 펴냅니다. 독자께서는 저처럼 오랫동안 고생하지 말고 이 도감으로 세월을 줄여서 제가 다다른 곳까지 한걸음에 달려오기를 바랍니다. 그래서 저와 더불어서 이 분야를 공부해 나가는 벗이 되기를 바랍니다'였습니다. 그들 마음이 이러니 도감을 내는 마음은 '친절'이라 할 만합니다.

생물을 한두 해 관찰한 사람에게는 5년이나 10년 앞서 간 사람이 터득한 비법이 도움이 됩니다. 그러나 막 시작한 사람에게는 1년쯤 앞서간 사람이 겪은 시행착오를 아는 것이 더욱 크게 도움이 됩니다. 좌충우돌하며 헤쳐 나온 과정을 알려 주어 누군가가 시간과 힘을 아끼도록 도우려는 따듯한 마음씨라면 얼마나 앞서갔는지를 가릴 일 없이 누구나 도감을 내어 볼 만하다고 생각합니다.

그런데 가끔 다른 마음으로 도감을 내려는 사람도 있습니다. 도감을 지으며 지식이나 경험을 자랑하려거나 사람들을 가르치려거나 전문가와 대중 사이에 벽을 치듯 거리를 두려 합니다. 자연을 앞에 놓고 선부르게 행동하거나 지식을 견주려는 태도도 안타깝지만 이런 모습은 요즘 사람들이 생각하는 정보 전달자와 거리가 멉니다.

정보가 권력이던 시절이 있었습니다. 권력 속성이 그렇듯이 정보를 앞서 얻은 사람은 그 내용을 나누려 하지 않았고, 조금씩 꺼내 보이며 추종자를 만들기도 했습니다. 사람들은 이런 이를 존경해서가 아니라 찔끔찔끔 흘려 주는 정보라도 놓치지 않으려고 주변을 맴돌았습니다. 그 무렵에는 자연과학 분야에서 지식창고라 할 만한 도감과 도감 저자의 권위도 높았습니다. 그러나 도감 말고도 정보를 얻을 길이 많아진 요즘에도 도감을 권위로 여긴다면 외톨이가 될 가능성이 큽니다. 지금 도감을 내려 한다면 많은 사람이 그리하듯 자연 앞에 겸손하고, 정보를 나누며 함께 분야를 발전시키는 방향으로 나아가야 합니다.

완벽한 도감?

이따금 책에 문제가 있다며 독자가 편집부로 연락해 올 때가 있습니다. 대개는 편집 실수나 오탈자가 있다고 일러 주지만 학명이나 분류체계가 틀렸다고 따지는 일도 있습니다. 그런데 이런 이야기는 더 들어 보면 견해가 다른 도감과 비교하며 오류라고 할 때가 많습니다.

한 분야를 파고들며 국내외 최신 논문을 빼놓지 않고 받아 볼 수 있는 연구자가 아니면 생물 분류와 명명 변화 흐름을 파악하기가 어렵고, 종의 역사를 살피거나 해부해서 새롭게 규명할 능력을 갖추기도 어렵습니다. 그래서 대중용 도감에는 대부분 어느 논문, 도감, 보고서까지를 참고해서 학명을 적었다고 나타냅니다. 분류에는 자신이 없기에 어떤 연구자 의견에 공감했거나 비평 없이 따랐다고 밝힌 셈인데 일부 독자는 이를 두고 '다르다'가 아니라 '틀리다'고 합니다.

아마 이는 자기가 보는 도감을 철석같이 믿기 때문이겠지요. 그러나 생물 분류는 사람, 학계, 학문 발전에 따라 바뀔 때가 많아서 도감을 펴내는 동시에 책 내용이 옛 정보가 되기도 하고 심지어는 편집하는 사이에 종의 분류학 소속이 바뀔 수도 있습니다. 그러므로 도감을 볼 때는 이런 특성을 함께 헤아려야 합니다.

도감을 짓는 사람도 마찬가지입니다. 가끔 도감을 인생의 걸작이나 완결편으로 여기며 준비하는 사람을 만납니다. 이런 이는 자신이 관심 쏟는 분야를 완벽하게 연구한 뒤에 도감을 내겠다고 말합니다. 썩 조심스럽고 완성도를 높이겠다는 뜻에서는 고마운 이야기이지만 인생을 다 바친들 생물 삶을 속속들이 파악할 수 있을까 궁금합니다. 어쩌면 새로이 밝혀지는 정보만 갱신하며 평생을 보낼지도 모릅니다.

그런가 하면 앞서 나온 도감들은 순 엉터리라며 자신이 많은 내용을 바로잡았다고 말하는 사람도 있습니다. 사실

옛날에 나온 도감 가운데는 오류가 심한 것이 많았습니다. 그러나 그 내용이 오류인지는 나중에 안 일입니다. 저자 욕심이 더해졌을 수는 있어도 자료는 그때로서는 최선을 다한 결과일 텐데 말입니다. 앞을 부정하는 일이 자신을 내세우기에 가장 편한 방법일지 모르나 사람들은 그런 이를 치졸하다고 여기거나 수가 낮다고 봅니다. 옛사람이 노력한 부분은 내게, 지금 내가 보완한 부분은 미래 세대에게 유산이 된다고 생각하면 좋겠습니다.

이런 일들을 겪다 보면 의문이 생깁니다. '생물이 스스로 모둠을 짓고 어떤 이름을 붙여 달라고 한 것이 아닌데 그 분류가 정확할까? 지식은 항상 이때까지 탐구한 결과일 수밖에 없을 텐데 그 내용을 진실이라고 믿어도 될까? 과연 완벽한 도감이 있을까?'

지난날에 진실로 여기던 것이 과학이 발전하면서 바뀌는 일이 많듯이 생물 연구에서도 지금 알려진 내용은 이제까지 최선을 다한 결과로만 보는 것이 맞지 않을까요? 그러니 도감을 짓는 일에서도 지금 힘을 다해 정성을 기울인다면 그걸로 충분하지 않을까요?

도감 편집자로서 도감에 실린 내용을 진실로 받아들이지 말라고 이야기하기는 어려워서 참으로 조심스럽지만 저는 늘 도감을 '진행형'이라고 생각합니다. 도감이란 옛 자료를 지금 정보와 비교해 고치거나 다듬은 결과물이며, 뒷날 누군가가 또 새로운 정보와 비교해 발전시켜 나갈 징검다리라고 여기기 때문입니다.

약속하지 않은 협업

도감은 이미지(그림이나 사진)와 짧은 글(형태와 생태 설명)로 이루어집니다. 그래서 직접 생물을 관찰하고, 사진을 찍거나 그림을 그렸다면 누구나 도감을 낼 수 있을 듯합니다. 그런데도 많은 사람이 좀처럼 엄두 내지 못하는 까닭은 생김새는 설명할 수 있지만 생태를 설명하기 어려워서가 아닐까 싶습니다. 사람도 한 종이면서 개체(개인)마다 사는 모습이 제각각인데 하물며 수많은 종의 삶꼴을 어떻게 보편이라는 틀로 정리할 수 있을까요? 어쩌면 이는 처음부터 불가능한 일인지도 모릅니다.

비교적 수명이 짧은 한 종의 일생을 모두 살폈더라도 생물은 환경 변수 영향을 많이 받으므로 그 종 전체의 삶이 이와 같다고 단정 지을 수 없습니다. 사람보다 수명이 긴 생물의 일생을 관찰하는 일은 더 말할 것도 없습니다. 그렇다면 이런 문제를 해결하거나 보완할 길이 있을까요?

사실 크게 인식하지 못할 뿐 우리는 이미 이런 문제를 세대를 이어 극복하고 있습니다. 사전이자 데이터베이스인 도감으로써 말입니다. 저자는 결코 자기 노력만으로 완전히 새로운 정보를 담은 도감을 낼 수 없기 때문에 이전 자료들을 분석하고 자기 경험을 덧대어 개정해 나가는 방식을 씁니다. 다음 도감을 내는 저자가 앞선 도감을 업데이트하는 셈입니다.

예를 들면 직박구리가 4~5월에 알을 낳는다는 기정사실이 있습니다. 그런데 도감을 내려는 사람이 직박구리가 3월과 6월에 알 낳는 장면을 각각 한 번씩 목격했다고 해보겠습니다. 그렇다면 이 사람은 직박구리가 3월과 6월 며칠에 어디서 알 낳는 장면을 봤다는 내용을 도감에 특이한 일로 실을 만합니다. 그런데 한 번이 아니라 여러 차례 같은 일을 봤다면 도감에 산란시기를 3~6월로 고쳐 실을 만합니다.

이처럼 도감은 인류가 다른 생물을 이해하려는 노력을

켜켜이 쌓아 가는 과정입니다. 그래서 도감을 내는 일은 이전 정보에 새로 밝힌 정보로 살을 붙이거나 오류를 바로잡으며 서로 만난 적이 없는 이와 약속하지도 않은 공동 작업을 하는 것과 같습니다. 즉 시대와 공간을 뛰어넘은 암묵적인 약속의 고리를 이어가는 일입니다.

거짓, 어림, 선부른 판단은 안 될 일

도감 작업은 협업이라 할 수 있으므로 정보를 적을 때 신중해야 합니다. 거짓은 말할 것도 없고 어림도 삼가며 섣부르게 판단해서도 안 됩니다. 잘못된 정보를 남기면 언젠가 그 내용을 자료 삼아 생물을 관찰할 사람이 크게 혼동할 수 있기 때문입니다. 또한 어림을 사실처럼 말하거나 충분히 살피지 않고 결론 내리는 일은 도의에도 어긋납니다. 추측을 사실로 확정 짓고자 수년간 검증하거나 실험을 반복하는 사람의 진지한 태도에 반하기 때문입니다.

누가 거짓을 말할까 싶지만, 생물 분야에서는 발견 기록 자체를 중요하게 여기기 때문에 보지 않은 것을 봤다 하거나 다른 나라에서 본 것을 우리나라에서 봤다 하는 사람도 있습니다. 눈길을 끌고 싶어 하는 이들이 저지르는 무리

수입니다.

앞사람의 허세나 욕심, 짐작이나 속단으로 뒷사람이 곤욕을 치른 예는 많습니다. 유난히 심했던 예로는 일제강점기 때 나비 학자인 석주명 선생 일을 들 수 있습니다. 당시 우리나라 나비를 조사하던 일본 학자들은 학명에 자기 이름을 붙여 업적으로 남기고자 몸길이나 날개 크기, 날개 무늬나 빛깔 등이 다르다는 이유만으로 종을 나누거나 아종, 이형으로 기록한 일이 많았습니다. 그 결과 우리나라에는 나비 이름이 921가지나 생겼습니다. 이를 바람직하지 않다고 여긴 석주명 선생은 단순한 변이를 다른 종으로 기록했으리라는 추론을 확인하고자 막노동이나 다름없는 작업을 했습니다.

선생은 나비를 많이 채집해 특정 형질을 재고 그래프를 그리다 보면 오른쪽 그래프처럼 수직 막대를 중심으로 좌우 대칭인 종 모양 곡선이 나오리라고 가정했습니다. 그래서 16만 마리가 넘는 배추흰나비를 채집해 앞날개 길이를 모두 재어 변이곡선을 정리했습니다. 종 모양 정규분포곡선이 하나가 나오면 측정한 나비는 모두 같은 종이며, 정규

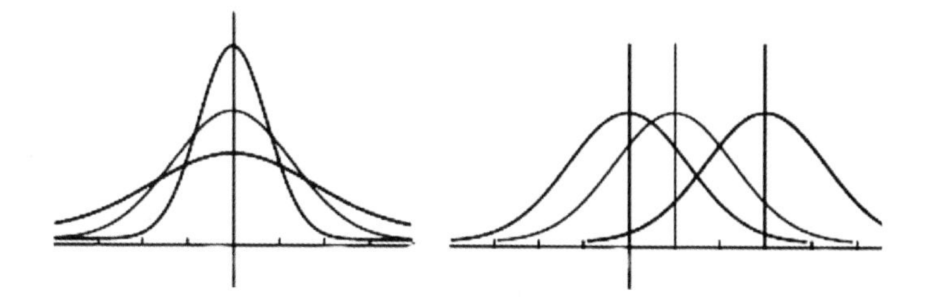

분포곡선이 2개가 나오면 2종, 3개가 나오면 3종으로 봤습니다. 통계학을 생물 분류학에 적용한 참신한 발상이었습니다. 그 결과를 바탕으로 1936년에서 1942년에 걸쳐 「조선산 배추흰나비의 변이 연구」라는 논문을 세 차례 발표했으며, 이 원리를 모든 나비에 적용해 921가지 이름 가운데 같은 종인데 달리 부르던 이름(同種異名, synonym) 844개를 삭제하고 248개로 정리했습니다. 선생의 업적은 참으로 대단하지만 이게 무슨 생고생이란 말인가요.

한편 너무나 특이한 기록은 눈에 잘 띄어서 독자가 특이 사항이나 우연, 심지어 거짓으로 여기며 거를 수 있지만 조금 그럴듯한 기록은 독자가 의심하지 않고 그대로 받아들일 우려가 있습니다. 그러므로 도감을 낼 때는 자기가 본

사실이 우연인지 유형인지를 진지하게 살펴서 반영해야 합니다.

예를 들면 산뽕나무 잎만 먹는 누에나방 애벌레가 무화과나무 잎을 먹는 장면을 봤다면, 이럴 때는 산뽕나무가 없어 옆에 있던 무화과나무 잎을 먹은 것인지 산뽕나무가 있는데도 무화과나무 잎을 먹은 것인지 확인해야 합니다. 배고파 죽을 지경인데 무슨 나뭇잎인들 먹지 못할까요? 주변에 산뽕나무가 없다면 무화과나무를 누에나방 먹이식물로 새로이 기록해도 될는지 고민해 봐야 합니다.

그런가 하면 많이 알려진 정보도 의심해 봐야 합니다. 특히 요즘은 공공기관과 포털 사이트가 제휴해 생물 종 정보를 제공하는데, 그런 정보를 무조건 믿는 사람이 많습니다. 이따금 독자 가운데도 도감과 포털 사이트에 있는 내용이 다르다며, 나라에서 제공한 것이니 포털 사이트 내용이 맞고 도감 내용이 틀렸다고 말하는 사람이 있습니다. 그러나 확인해 보면 공공기관 내용이 틀릴 때가 많습니다.

공공기관이라고 한들 기초 자료는 사람이 만듭니다. 그러므로 내용을 착각할 수 있고, 다른 자료를 참고할 수 있으며, 무성의하게 정리할 수 있고, 잘 몰라서 너무 오래된 정보를 실을 수도 있습니다. 게다가 공공기관 자료는 누군가가 무거운 책임감을 느끼며 작성한 것이라기보다는 연구자들이 한 종당 비용을 받고 납품한 결과물이며, 이때 종 정보를 세밀하게 검증하고 오류를 대비하고자 거듭 검토할 만한 비용을 받지 못했을 수도 있습니다.

저자 가운데도 인터넷에서 얻은 정보를 끌어다 쓰는 사람이 있습니다. 그런데 잘못하면 오류 반복과 확산을 부추기는 데 협조하는 꼴이 될 수도 있습니다. 누군가 적은 오류가 퍼져 나가 수많은 사람이 사실로 믿는 예가 무척 많기 때문입니다. 오자나 탈자가 있는 학명을 계속 베껴 쓰다 보니 정체를 알 수 없는 학명이 굳어져 세대를 이어 쓰인다든가 명명자 표기 오류가 반복되어서 있지도 않던 사람이 떠돌아다니는 일이 많습니다. 이뿐만 아니라 생태, 형태 정보에서는 4~5월에 많이 보인다고 했다가 한여름에 많다고 하는 것, 바닷물에 산다고 했다가 민물에 산다고 하는 것, 크기가 작다고 했다가 크다고 하는 것, 잎이 돌려난다고 했다가 마주난다고 하는 것처럼 앞뒤가 맞지 않는 내용도 많습니다.

정부기관에서 나온 연구 보고서도 마찬가지입니다. 어떤 사람들이 어떤 방식으로 조사하고 연구했는지 살피고, 데이터를 그대로 믿을 만한지 따져 보는 것이 좋습니다. 가치 있는 도감을 내려면 알려진 정보는 경향을 살피는 정도로만 참고하고, 스스로 관찰해 밝힌 사실을 실어야 합니다.

그래도 이런 오류는 실수로 보아 넘길 만합니다. 인터넷이나 책에는 작성자가 상상이나 추론을 사실처럼 기록한 탓에 검증도 없이 퍼져 나가는 거짓이 많습니다. 사위질빵 이름 유래가 대표 사례입니다. 사위질빵이라는 이름은 사위가 돌아가는 길에 무거운 짐 때문에 고생할까 봐 장모가 잘 끊어지는 이 식물 줄기로 어깨끈을 만들어 주었다는 데서 비롯했다는 내용인데 근거가 없습니다. 그러나 그럴듯하고 재미있어서인지 무척 많은 사람이 이 이야기를 퍼트립니다. 어느 저자의 원고에서 이런 문제를 지적해 놓았기에 더 살펴봤더니 이미 너무 많이 퍼진 이야기라 차라리 그게 진실이었으면 좋겠다는 생각까지 했습니다.

지난해에는 우리 풀꽃 이름 이야기를 다룬 책 한 권이

많은 사람에게서 호되게 비난을 받았습니다. 처음 책이 나왔을 때만 해도 알맞은 시기, 호감을 주는 제목, 강의 활동이 왕성한 저자 덕에 많은 인기를 누렸습니다. 그러나 지나치게 왜곡된 시각과 잘못된 정보가 진실처럼 널리 퍼지자 보다 못한 독자들이 날카로운 비난을 쏟아냈습니다. 그 뒤에 그 책을 둘러싸고 여러 조치나 변화가 있었던 것으로 알지만 이 일에서 중요한 점은 그 책의 향방보다 옛날과 달리 소양이 깊은 독자, 거짓을 알아보는 눈길이 많아졌다는 사실입니다. 그러므로 이제 도감을 내려는 사람은 더욱 올바르게 정보를 쌓아야 합니다.

도감 저자 유형

도감을 내겠다고 출판사 문을 두드리는 사람들과 이야기를 나누다 보면 몇 가지 유형이 보입니다. 크게 다섯 가지(과시형, 한풀이형, 실속형, 공익형, 소심형)로 나눌 수 있습니다. 다만 모든 저자가 이 가운데 하나에 반드시 속하지는 않으며, 어느 유형에 더 가깝다고 볼 수 있지 대개는 복합적입니다. 그리고 어느 유형이든 모두 실력이 뛰어납니다. 유형이 어떻든 가치 있는 정보를 많이 알지 못하면 도감을 낼 수 없으니까요.

가장 많이 보이는 유형은 '과시형'입니다. 자신이 몸소 얻은 정보를 보란 듯이 내놓고 사람들이 보내는 존경 어린 시선을 즐기고 싶어 합니다. 실제로 이 유형에 속하는 저자는 경험이 많고, 오랜 세월 노력해 왔기에 가진 정보가 많습니다. 존중받아 마땅하지만 그 사실을 본인이 너무 잘 알기에 그런 면이 책에도 드러나 독자가 조금 거북하게 여길까 걱정되기도 합니다. 그런데 생각해 보면 과시욕 없는 사람이 얼마나 있을까요? '과시'라는 말맛이 좋지 않아서 그렇지 사실 책 작업을 할 때는 이 유형 저자가 가장 적극적입니다. 조금이라도 더 많은 내용을 도감에 넣으려고 애쓰며 '우리 동네 뒷산 북쪽 자락 8부 능선에 산삼이 널렸더라' 처럼 비밀스러운 이야기도 잔뜩 풉니다.

뜻밖에 '한풀이형'도 많습니다. 자신이 주류에서 밀려났다고 여기거나 자기보다 실력이 떨어지는 사람이 더 존중받는다고 생각하며 '이 도감으로 내 실력을 보여 주마' 같은 태도를 보입니다. 한 맺힌 사람만큼 힘이 넘치는 사람이 어디 있겠나 싶게 이 유형 저자는 특히 실력이 뛰어납니다. 다만 강한 인상을 남기려다 보니 무리한 주장을 편다거나 적을 설정해 공격하기도 합니다. 화로 가득 찬 마음을 조금만 누그러뜨리면 좋겠다 싶다가도 어쩌면 이 유형 저자에게는 화가 힘을 얻는 원천일지도 모른다고 생각해 맞장구를 쳐 줄 때가 많습니다.

동기가 다른 한풀이형도 있습니다. 주로 오랜 세월 사람들과 교류하지 않고 혼자 생물을 관찰하다가 늦게나마 자료를 정리해 흔적을 남기고 싶어 하는 유형입니다. 안타깝게도 이런 분이 원고를 보내 오면 도감으로 낼 수 있을까 없을까 고민할 때가 많습니다. 쌓은 세월은 대단하지만 그 세월에 비해 성과가 낮아서입니다. 여러 사람과 교류하며 때때로 자기 수준을 진단하고, 경험과 이론을 탄탄히 다져왔더라면 좋았을 텐데 하는 아쉬움이 많이 남습니다.

'실속형'은 도감을 내는 동기에서 공유나 소통, 연구사에 남길 기록 같은 큰 명분보다 개인 활용도가 앞서는 유형입니다. 근무평가 점수를 올릴 성과물이 필요한 공공기관 연구자나 교수, 수업에 활용할 교재가 필요한 교육자, 동아리나 인터넷 커뮤니티 결속을 꾀하고자 공동 작업물을 내고 싶은 사람, 사회 활동을 활발히 하는 데 도감 저자라는 타이틀이 필요한 사람, 책을 꾸준히 내어 돈을 벌고 싶은 사람 등 사례는 매우 많습니다. 의도가 어떻든 내용이 가치 있고 충실하다면 출간하기에는 문제가 없지만 적당한 선에서 책을 마무리하려는 태도를 보일 때는 아쉽습니다. 분명히 조금 더 시간을 들여 보완하면 완성도를 높일 수 있을 텐데 이런 유형은 자기 목적을 달성하는 데서 만족할 때가 많습니다.

'공익형'은 '전문가로서 대중에게 정보를 제공해야 도리지요'라든가 '내가 했던 고생, 남들은 안 하게 하고 싶어요' 또는 '자연과학 대중화에 조금이라도 도움이 되고 싶어요' 같은 태도를 보이는 유형으로 고맙고 바람직합니다. 그런데 이런 유형 가운데 자신이 이미 상당한 반열에 올랐다는 것을 잘 알거나 엘리트 의식이 매우 강한 사람을 보면 가끔 속마음이 다른 듯하다고 느낄 때도 있습니다.

'소심형'은 말 그대로 지나치게 겸손한 유형입니다. 이 유형 가운데는 출판사 권유를 마다하지 못하고 책 작업에 참여하는 이가 많습니다. 분명히 실력이 뛰어나고 정보를 많이 갖고 있는데도 "저 같은 사람이 어떻게 책을 내요"라고 말합니다. 언뜻 겸손해 보이지만 좀 더 깊이 들여다보면 '더 실력 있는 사람도 많은 상황에서 도감을 내면 비웃음을 살지 모른다'며 두려워하는 마음이 더 큰 듯합니다. 도감을 지나치게 엄격히 여기거나 혹시 모를 분란에 말려들고 싶지 않아서일 수도 있습니다. 물론 도감을 내고 호되게 비난받는 사람도 있기는 하지만 이는 대부분 도발적인 의견을 내거나 거짓을 담거나 편법을 썼기 때문입니다. 대개는 별일이 없습니다. 그래서 이런 유형을 만나면 주변 반응은 신경 쓰지 말고 용기를 내보라며 북돋우고 싶어집니다. 이 외에도 한없이 착한 형, 근거 없는 자신감 형, 숟가락 얹기 형, 한발 빼기 형, 얼렁뚱땅 형 등 다양한 유형이 있습니다.

물론 출판사는 저자가 어떤 유형인지 살펴서 출간을 결정하지는 않습니다. 원고 내용이 가치 있고 완성도가 높으며 시장성이 있는지를 먼저 살핍니다. 출간을 결정하고 원고를 받으면 그때 저자의 성향이나 동기가 원고에 있는 그대로 드러나지 않도록 정제 작업을 합니다. 과시욕이 지나친 원고는 조금 겸손하게, 한이 맺힌 듯한 원고는 조금 너그럽게 다듬고, 욕구가 드러나는 원고에는 공익성을 더하며, 공익성을 너무 내세우는 원고는 조금 냉정하게, 소심한 원고는 조금 더 당당하게 손보면서 편집자가 생각하는 적정선에 맞춥니다. 당연히 저자마다 성향이 다르고, 도감을 내려는 동기도 다양하겠지만 도감이 출판사를 거쳐 종착지인 독자에게 닿을 때는 성향이나 동기가 드러나지 않는 것이 좋습니다. 도감 독자가 바라는 것은 정보이기 때문입니다.

도감 종류

도감은 학술, 상업 용도에 따라 몇 가지로 나눌 수 있습니다. 다만 쓰임새가 뚜렷하게 갈리지 않고 형식이 뒤섞이기도 하며, 저자와 출판사, 학계와 대중이 달리 구분할 수도 있습니다. 그리고 도감을 나누는 공식 규정과 명칭이 없어 그때그때 쓰던 말들이 개념처럼 자리 잡기도 했습니다. 그러므로 여기에서는 자연과생태가 도감을 구분하는 방식을 바탕으로 도감 종류를 살펴보려고 합니다. 여러분도 이 점을 참고해서 보아 주시면 좋겠습니다.

도감에는 크게 '분류 도감'과 '생태 도감'이 있습니다. 기초 생물학인 분류학과 생태학을 바탕으로 하기 때문입니다. 분류 도감은 분류체계에 따라 종을 나열하고 생김새를 설명하는 모양이 많아 '형태 도감'이라고도 말하지만, 본래 목적은 분류체계를 검증하고 정리하거나 새로이 정립하는 일입니다. 이런 작업은 특정 분류군을 분류학 시각으로 깊이 파고들어야 할 수 있습니다. 분류체계 검증은 종 계보를 살피는 일이어서 문헌 추적 작업이 많습니다. 그러다 보니 결과물도 대개 글로만 이루어집니다. 이런 구성이라면 대중용 도감보다는 학회에 논문으로 발표하는 것이 더 알맞습니다. 대중이 내용을 이해하기 쉽지 않고, 대중용 도감에서 이런 모양까지 바라는 사람도 많지 않기 때문입니다. 바로 이 지점에서 형태 도감이라는 조금 더 친절한 모양이 나왔습니다. 분류체계를 알려 주고, 사진을 곁들여 종 생김새도 보여 줍니다. 대중을 상대로 하는 도감 출판은 이런 모양에서부터 가능합니다.

형태 도감이 달리 쓰이기도 합니다. 어느 분야를 깊이 연구한 사람이 이전 분류체계나 종 규명 등에 문제가 있는 것을 알고 변경하려거나 미기록종이나 신종을 발견해 발표하려는데, 해당 분야 전공자가 아니어서 학회 회원으로 가입하지 못해 논문을 발표할 길이 없어 출판사를 거쳐 도감으로 내려 할 때입니다. 마니아나 민간 연구자가 늘면서 이런 일도 늘고 있습니다. 이럴 때 저자는 변경 사유나 종 보고 근거를 탄탄하게 준비하고, 객관성과 신뢰도를 높이고자 국내외 해당 분야 전문가에게 협조를 구하기도 합니다. 이 과정에서 전문가 역할이 크면 공동저자로 이름을 올리기도 합니다.

분류 도감을 낼 때는 해당 분류군에 속한 모든 종을 다루려고 합니다. 곤충을 예로 그 이유를 살펴보겠습니다. 우리나라에 기록된 곤충은 15,000여 종에 이릅니다. 이를 논문 한 편이나 도감 한 권에서 다루기는 불가능합니다. 모양을 내는 데 물리적인 한계도 있지만 곤충 모든 분야를 연구하는 사람도 없기 때문입니다. 곤충 분류 연구자는 대개 목, 과, 속 단위에서 어떤 한 무리를 연구합니다. 곤충강에서 딱정벌레목, 그 가운데 잎벌레과만 연구하는 식입니다. 그러니 곤충 학자나 전문가보다는 잎벌레 전문가, 잠자리 전문가, 하늘소 전문가, 나비 전문가로 일컫는 것이 더 알맞습니다. 이처럼 세분화해 연구하기에 그 분류군에 딸린 모든 종을 다루지 않는다면 연구 가치가 떨어질 수밖에 없습니다. 그래서 분류 도감에는 거창하게 곤충 도감이라든가 새 도감, 식물 도감 같은 이름을 붙이기보다는 메뚜기 도감, 할미새 도감, 제비꽃 도감처럼 작은 분류군을 나타내는 이름을 붙일 때가 많습니다. 좁고 깊게 파고드는 방식입니다.

생태 도감은 종이 살아가는 방식을 설명합니다. 앞에서 이야기한 대로 종의 삶을 파악하는 일은 참으로 어렵습니다. 그래서 대부분 생태 도감에서는 어떤 종의 생활환(life cycle)을 밝힌 만큼만 담습니다. 언제쯤 활발히 활동하고 수명은 어느 정도이며 무엇을 먹고 사는지, 짝짓기는 언제 하고 새끼나 알은 얼마나 지나야 태어나거나 깨어나는지, 얼마나 자라야 생식이 가능한지 같은 내용에 집중하는 정도입니다.

이렇게 생활환을 밝히는 일이 어렵다 보니 새로운 생태 도감이 나오더라도 비슷한 정보가 조금씩 업데이트되는데 그칩니다. 어느 종이 살아가면서 겪는 수많은 변수와 그로 말미암아 달라지는 삶, 이웃 생물과 맺는 관계 같은 진정한 생태를 파악해 소개하는 일은 드물 뿐만 아니라 기대하기도 어렵습니다. 이런 이유로 우리나라에서 진짜 생태 도감이라 할 만한 도감은 많지 않으며, 근접한 예로 『한국

『한국 식물 생태 보감』.
식물사회에서 어우러져 사는
종들 관계를 살핍니다.

식물 생태 보감』 시리즈 정도를 꼽을 수 있습니다. 물론 연구자가 한 종을 깊이, 오래 연구하면 생태를 상당히 뚜렷하게 파악할 수도 있겠지만 그럴 때는 도감보다는 『시튼 동물기』나 『동고비와 함께한 80일』처럼 종의 일대기를 담는 에세이 또는 다큐멘터리로 엮는 것이 더 어울립니다.

우리가 흔히 보는 도감은 대개 분류 도감과 생태 도감을 적당히 섞은 모양입니다. 주로 분류 연구자가 정리한 분류체계에 따라 종을 나열하고 생김새와 생태 사진을 함께 실어 설명합니다.

분류 도감	분류체계, 종 규명을 검토 및 정리, 재정립하는 도감 (≒ 형태 도감)
생태 도감	종이 사는 방식을 알려 주는 도감

도감을 시대 또는 발전 관점에 따라 나누기도 합니다. 단계별로 세대라는 말을 붙여 보통 1~4세대 도감으로 구분합니다. 정확하지는 않지만 1세대 도감은 분류 도감, 2세대 도감은 형태 도감, 3세대 도감은 생태 도감, 4세대 도감은 활용 도감, 서식지 도감이라고도 합니다.

1세대 도감은 거의 글로만 이루어지지만 그림이나 사진을 조금 곁들이기도 합니다. 생물 분류 단계인 계, 문, 강, 목, 과, 속, 종의 공통점과 차이점을 짚으며 큰 공통점이 있는 무리에서부터 시작해 가지를 치다가 더 이상 가를 수 없는 끝자락에 남은 하나를 한 종으로 규명하는 형식입니다. 흔히 검색표라고 하며 우리나라에서는 옛 문교부 시절부터 발행된 『한국동식물도감』 시리즈나 『대한식물도감 검색표』가 여기에 해당합니다.

2세대 도감은 사진이나 그림을 반드시 실어 종의 실체나 1세대 도감에서 글로 설명했던 각 종의 차이를 눈으로

『한국동식물도감』 시리즈와
『대한식물도감 검색표』.
분류에 집중한 1세대 도감이라고
볼 수 있습니다.

여러 종류 2세대 도감. 이 단계부터 도감이 전문가 영역에서 벗어나
널리 퍼지기 시작했습니다.

보여 줍니다. 이런 방식을 적용하면서부터 도감은 전문가 영역에서 벗어나 대중에게 다가가기 시작했으며, 도감에는 반드시 그림이나 사진이 있어야 한다는 생각도 퍼졌습니다.

3세대 도감은 종의 생태를 알려 주는 데 집중합니다. 많은 종을 소개하지는 못하더라도 한 종 한 종의 생활 습성을 가능한 자세히 설명하고 이를 보여 주는 사진도 많이 담아 생물의 삶을 한결 깊이 이해하도록 돕습니다. 이 단계에서부터는 이야깃거리가 많아져 도감 말고도 에세이나 다큐멘터리로 생물을 이야기할 수 있습니다.

4세대 도감은 활용 도감, 서식지 도감으로 나눌 수 있습니다. 활용 도감은 분류나 생태보다는 인류가 생물을 어떻게 이용할 수 있는가에 초점을 맞추며 활용 방법을 소개합니다. 약초 도감이나 나물 도감이 예입니다. 서식지 도감은 특정 지역 및 환경에 사는 모든 생물을 담고 그들 사이에 나타나는 유기 관계를 살핍니다. 생물 분류체계가 아니라 생태학을 바탕으로 접근해야 하기에 다양한 분야 연구자가 협업해야 도감을 만들 수 있습니다.

서식지 도감을 달리 활용하기도 합니다. 우리나라에서는 흔치 않지만 어떤 지역 일정한 길을 따라 걸으며 생물을 살필 수 있는 '트래킹 생물 도감'으로 말이지요. 예컨대 정해진 길 어느 모퉁이를 돌아서면 큰 나무가 한 그루 있는데 그 나무 이름은 무엇이고, 환경이 이러이러해서 나무가 그리 크며, 마을 사람들은 이러이러한 이유로 그 나무를 무척 아낀다 같은 이야기를 담아 트래킹 재미를 더해 줍니다. 우리나라에서는 '제주 올레길 식물 도감'이라든가 '북한산 우이령길 곤충 도감' 같은 모양이 나올 수 있겠지요.

또 다른 트래킹 도감도 있습니다. 말뜻 그대로인 '추적 도감'으로 어떤 생물의 흔적을 하나씩 뒤쫓다가 마침내 그 동물을 만나 관찰하게끔 구성합니다. 예를 들면 멧돼지가

1세대 도감	=분류 도감	글 위주, 검색표 방식
2세대 도감	=형태 도감	실체 확인, 반드시 사진이나 그림을 곁들임
3세대 도감	=생태 도감	생활 습성 위주 해설
4세대 도감	=활용 도감	인간 생활에 이용할 수 있는 생물과 활용 방법 소개
	=서식지 도감	특정 환경에 서식하는 생물 종류와 유기적인 관계 해설

『야생동물 흔적 도감』.
쉽게 만날 수 없는 야생동물을
흔적으로 찾게 안내합니다.

잠자는 자리나 목욕하는 진흙탕을 찾고 위장한 채 기다리다가 멧돼지가 나타나면 관찰하는 방법을 알려 주거나 산양 분장(똥 누는 자리), 오소리 굴, 동물 영역 표시 흔적을 확인하며 추적하도록 돕습니다. 이런 방식으로 다가선 도감에는 『야생동물 흔적 도감』이 있습니다.

연관은 있지만 이 범주에 들지 않는 도감도 있습니다. 생물을 해부해 관찰하는 의학이나 수의학 쪽에서 활용하는 도감으로 장기 구조나 골격 등을 보여 줍니다. 이런 도감은 주로 도해(圖解)나 아틀라스(atlas)라고 합니다. 생물 구조를 파악하고 습성까지 유추할 수 있어서 생물을 이해하는 데 유용합니다. 예를 들어 포유류 두개골을 살펴 초식동물과 육식동물의 턱과 이빨 구조가 어떻게 다른지, 염소나 토끼의 장기를 살펴 왜 콩알 같은 똥을 싸는지 알려 줍니다. 또한 멧돼지 등뼈 구조를 살피면 멧돼지가 왜 고개를 쳐들지 못해 하늘 한번 편히 바라보지도 못하며 사는지, 백로처럼 목이 S자 모양인 새의 목뼈를 살피면 새가 먹이를 쫄 때 몇 번째 뼈가 팽팽한 긴장감을 유지하다가 튕겨져 나가는지를 이해할 수 있습니다. 그러나 이런 방식으로 생물에 접근하는 전문가가 드물고 시료를 확보하기가 어려워서인지 대중용 도감으로는 흔치가 않습니다. 자연과생태에서도 골격 도감을 준비하고는 있지만 진행이 매우 더딥니다.

도감 종류를 이야기하다 보니 분류, 생태라는 말을 많이 꺼냈습니다. 곁길로 빠지는 듯하지만 이참에 분류와 생태가 무엇인지 조금 더 짚어 보겠습니다.

분류학과 생태학은 생물을 탐구하는 기초 방식입니다. 특히 종수가 무척 많은 동식물을 탐구하는 생물학에서 근연도나 형질에 따라 계통을 나누고 거기에 딸린 낱낱 종에

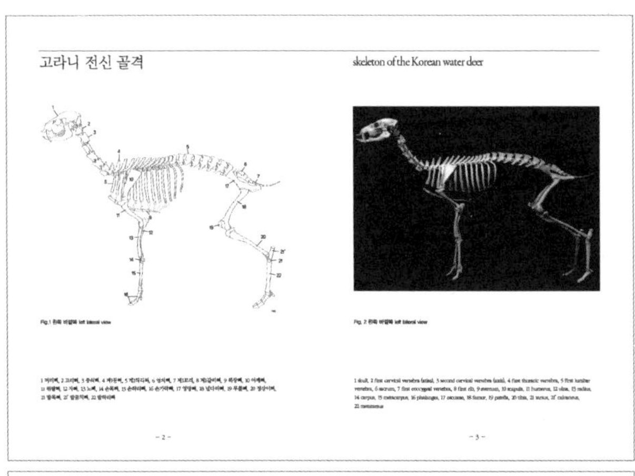

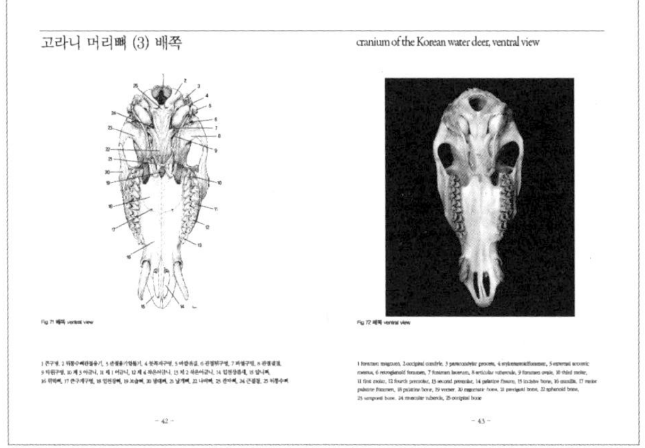

수년째 편집을 멈춘 고라니 골격 도감입니다.
해부, 뼈 수습, 그림, 계측 과정을 거쳐야 하기에
시간이 많이 걸립니다.

이름을 붙이는 분류학은 매우 중요합니다. 생물 분류체계에 따른 '사람'은 동물계 〉 척삭동물문 〉 척추동물아문 〉 포유강 〉 영장목 〉 사람과 〉 사람속 〉 사람종이며, 학명은 호모 사피엔스입니다. 이처럼 분류학은 지구에 사는 생물을 분류체계 안에서 가르거나 모둠 짓고 모든 종에 이름을 붙이려고 애씁니다. 생태학은 한 생물이 사는 모습과 그 생물과 관련 맺고 사는 이웃 생물, 그들이 어우러져 사는 환경을 탐구합니다. 한 생물이 속한 사회를 들여다보는 방식입니다. 즉 지구에 사는 낯선 생물을 알아 가고자 할 때 분류학은 인식 과정, 생태학은 이해 과정으로 보면 됩니다.

이름도 모른 채 누군가의 삶을 이해할 수 없고, 이름만 안다고 해서 누군가를 안다고 할 수도 없습니다. 그래서 우리는 분류 도감과 생태 도감이라는 두 가지 큰 틀로써 생물을 알아 가려고 노력하며, 4세대 도감을 넘어 5세대, 6세대 도감 같은 새로운 모양으로 나아갈 길을 찾습니다.

학명, 국명, 향명의 무게

분류를 이야기하다 보면 자연스레 학명 이야기로 이어집니다. 종을 정확히 구별하는 분류학이 학명을 붙이는 데서 끝나기 때문입니다. 그래서인지 학명을 지나치게 믿거나 매우 중요하다고 여기는 사람이 많은 듯합니다. 도감에는 반드시 학명을 넣어야 하고, 그래야만 도감 신뢰도가 높아지며 권위가 선다고 생각하는 사람도 있습니다. 과연 그럴까요?

일단 학명이 무엇인지부터 짚어 보겠습니다. 학명은 말 그대로 학술 이름입니다. 여러 나라에 걸쳐 사는 어떤 종을 놓고 나라마다 다른 이름으로 부르니 같은 분야를 연구하는 학자들이 혼란스러웠나 봅니다. 그래서 라틴어 두 단어로 이름을 만들어 붙이고, 각자 나라에서는 그 종을 뭐라고 부르든 학자끼리는 공통된 학명으로 부르자고 약속했습니다. 라틴어 두 단어에서 앞 단어에는 그 종이 어느 무리에 속하는지를 알 수 있도록 무리명인 속명을 붙이고, 뒤 단어에는 무리 안에서 그 종만 가리키는 이름인 종소명을 붙이기로 했습니다. 즉 학명은 속명과 종소명으로 이루어집니다. 그리고 학명이 라틴어인 까닭은 사람들이 많이 쓰는 언어는 세월이 지나며 변할 수 있으니 이미 쓰는 나라나 종족이 없는 언어인 라틴어로 지어 놓으면 변할 일이 없지 않겠느냐는 생각에서였습니다. 이처럼 학명을 만든 이유는 단순합니다. 학자끼리 대화할 때 혼란을 줄이고자 시간, 지역, 사람에 영향을 받지 않아 변하지 않을 이름을 마련한 것뿐입니다.

학명이 생긴 목적을 바탕으로 도감에 학명 넣는 일을 다시 생각해 봅니다. 저자가 출판사를 거쳐 도감을 내는 이유는 대중과 소통하고 싶어서입니다. 학자끼리 소통하고 싶다면 학회에 논문을 내면 됩니다. 그러니 대중용 도감을 내면서 학명 표기를 고집할 이유는 없습니다. 저자 스스로도 왜 학명을 넣으려 하는지 곰곰이 헤아려 봐야 합니다.

자신은 정작 쓰지 않으면서 학명이 없으면 사람들이 도감을 가벼이 여기지 않을까 하는 걱정, 도감에는 무조건 학명이 있어야 한다는 고정관념 때문은 아닌지 말입니다.

이런 이유로 자연과생태에서는 학명을 넣은 도감과 넣지 않은 도감 두 종류를 발행합니다. 두 도감의 성격이 뚜렷하게 다르지는 않지만, 가능하면 전문가가 아닌 여러 사람이 보기를 바라는 책에는 학명을 넣지 않고, 전문가도 참고하면 좋을 책에는 넣습니다. 그리고 도감에 학명을 넣고자 할 때는 저자가 종의 분류학 역사를 검토했는지 살핍니다. 이는 리뷰(review)라는 작업으로 어느 종이 맨 처음에 어떻게 기록되었고 그 뒤에 소속이 어떻게 바뀌었는지, 어떤 이름으로 불리다가 지금에 이르렀고 지금 그리 불리는 것이 합당한지를 검토하고 판단하는 일입니다. 그러나 대부분 대중용 도감 저자는 이런 작업을 하지 않고, 분류 연구자가 정리해 놓은 목록을 끌어와 쓰는 일이 많습니다.

공룡처럼 국명이 아예 없어서 학명 말고는 그 종을 부를 방법이 없다면 모를까, 저자도 학명보다 국명을 주로 쓰거나 종의 분류학 역사를 찬찬히 살핀 적이 없다면 굳이 도감에 학명을 쓰려고 고집할 일은 아닙니다.

이따금 전문가가 학명으로 이야기하니 학명을 넣어야 전문성이 있다고 말하는 사람도 있습니다. 이 또한 지나친 생각입니다. '전문'은 '좁고 깊다'는 말과 비슷합니다. 전문가는 자신이 탐구하는 한 분야만을 깊게 연구하는 사람으로서 높이 평가받습니다. 그래서 대개 자신이 탐구하는 분야 말고는 관심이 적거나 아는 바가 많지 않습니다. 한편 이는 당연한 이야기이기도 합니다. 식물 연구자가 새 학명

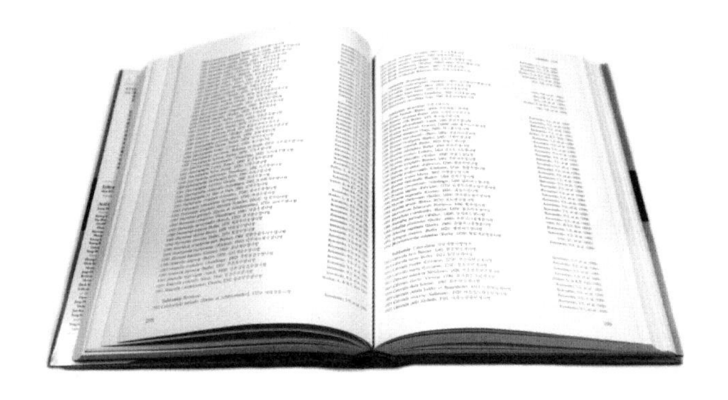

『한국 곤충 총 목록』. 우리나라에서 기록된 곤충 14,000여 종의 이름(학명, 국명)만 실은 책입니다. 학명을 외우기란 참으로 어려워서 전문가도 대부분 학명을 써야 할 일이 생길 때는 목록에서 찾아 넣습니다.

을 알아야 할 까닭이 없고, 물고기 연구자는 곤충 학명을 몰라도 상관이 없습니다. 앞서 이야기했다시피 학명이란 같은 분야를 연구하는 사람끼리 논문이나 보고서 같은 문서로 소통할 때 쓰는 수단이기 때문입니다. 이른바 전문가도 이러한데 어린이를 포함한 독자가 꼭 학명을 알아야 할 필요가 있을까요?

대중용 도감에서 학명을 놓고 생각해 볼 점이 하나 더 있습니다. 바로 지나치게 학명을 신뢰하는 일입니다. 이따금 학명은 무척 견고하며 이에 비해 국명과 향명(방언)은 쉽게 바뀔 수 있으므로 학명을 써야 옳다는 말을 들을 때가 있습니다. 그런데 정작 이런 이야기는 전문가보다 일부 독자나 전문가 그룹으로 진입하고자 노력하는 마니아가 주로 합니다. '이름'의 속성을 간과하거나 학문을 지나치게 사대하는 듯해서 안타깝습니다.

학명과 향명은 달리 말하면 부자연어와 자연어라고 할 수 있습니다. 누군가 계획에 따라 지은 이름과 오랜 세월 함께 지내 온 사람들이 자연스럽게 지은 이름 가운데 과연 어떤 것이 더 견고할지 살펴보겠습니다.

생물 분류체계는 완전하지 않습니다. 그래서 이따금 재정리되며 그럴 때면 다른 생물 무리가 하나로 합쳐지기도 하고, 반대로 같은 무리가 다른 무리로 갈리기도 합니다. 이미 알려진 종이 잘못 분류되었다고 밝혀져 삭제되거나 여러 종이라고 했던 것이 한 종으로 묶이기도 합니다. 그렇기에 생물 분류 소속을 알려 주는 학명 또한 연구가 진전하면서 얼마든지 바뀔 수 있으며 나라나 학계, 학자 간의 기세 싸움에 휘둘리기도 합니다.

그런가 하면 향명은 어떤 지역에서 목적 없이 생겨나 자연스레 수많은 사람 머리에 박히고 입에 붙은 이름으로, 그 지역사회가 붕괴하지 않는 한 좀처럼 변하지 않습니다. 모두가 어떤 개구리를 청개구리라고 가리키는지 알고 있는데 갑자기 누가 나타나서 참개구리라고 가리킬 리가 없고, 혹여 그렇다 하더라도 모든 사람이 이를 따라 바꿔 부를 리도 없기 때문입니다.

학명과 향명 사이에 있는 국명은 한 나라에서 지역마다 달리 부르는 이름을 국내 연구자들이 혼란을 줄이고자 통일한 이름입니다. 여러 향명 가운데 가장 많이 불리는 이름을 반영하거나 이름이 없으면 작명 원리를 적용해 새로 짓습니다. 그렇다고 여러 연구자가 한 자리에 모여 단번에 짓지는 않고, 오랜 세월에 걸쳐 각 분야에서 분류를 연구하는 사람들이 논문으로 발표하며 쌓인 결과물을 따릅니다. 국명은 표준어와 개념이 비슷합니다. 그래서 다른 많은 분야에서 국어사전 표기를 따르듯 도감에서도 수많은 향명이나 쓰임새가 동떨어지는 학명 말고 국명을 주로 씁니다.

한편 학명, 국명, 향명의 쓰임새를 따지는 것만큼이나 더 중요한 것은 이름이 갖는 소통이라는 속성입니다. 무언가를 가리킬 때는 다른 사람이 내가 가리키는 것을 알아야 합니다. 한번은 생태 교육을 하는 분이 어느 동네 아이들을 모아 놓고 물고기를 잡는 모습을 본 적이 있습니다. 아이들은 족대에 걸린 물고기를 보며 모두 빠가사리라고 부르는데 선생님이 손사래를 치며 "얘들아, 이건 빠가사리가 아니고 동자개야"라고 했습니다. 동자개가 국명인 것은 맞지만 그 동네에서는 빠가사리라고 하면 모두 알아듣는 것을 동자개라 부르라고 하니 아이들이 어색해했습니다. 그 무리 안에서 선생님만 말이 안 통하는 사람 같았습니다.

이런 예도 있습니다. 최근 곳곳에 생기는 생물 전시관에 가 보면 전시물이나 해설서에 국명과 함께 학명을 나란히 적어둔 곳이 많습니다. 대부분 어린이나 대중 눈높이에 맞춘 내용인데도 말이지요. 동네 주민들이 산책하러 다니는 공원에서도 비슷한 예를 찾을 수 있습니다. 공원에 심은

공원 식물 해설판. 국명 밑에 학명을 적었습니다. 그러면서도 하나는 명명자를 기울여 써서 학명 표기법까지 틀렸습니다. 괜한 일을 해 오류를 만든 셈입니다.

나무마다 이름표를 달아 놓았는데 여기에도 국명 옆에 학명이 있습니다. 담당자를 만나 왜 그리했는지 물어보면 대답은 거의 두 가지입니다. 하나는 혹시 외국 전문가나 여행자가 볼까 싶어서, 또 하나는 전문가가 그리 자문해서라고 합니다. 일단 전시관이나 공원을 찾은 외국 사람을 배려하고 싶다면 학명이 아니라 영명을 쓸 노릇입니다. 외국인 전문가라도 학명보다 영명이 보기 편할 테고, 영명을 보고 종을 파악하지 못한다면 전문가일 리도 없습니다. 그리고 전문가가 그리 자문했다는 이야기는 조금 아쉽습니다. 앞으로 대중을 대상으로 하는 시설물이나 안내서를 만들 때 자문하는 전문가가 오히려 앞장서서 학명까지 쓸 필요가 없다고 말해 주면 좋겠습니다.

이처럼 학명, 국명, 향명은 저마다 어울리는 자리가 있습니다. 어떤 이름이 더 무게 있느냐를 따지기보다는 세 이름을 공평하게 대하며 자리에 알맞게, 소통이 잘 되도록 쓰는 것이 더 바람직합니다.

도감 독자 유형

도감 독자층은 전문가부터 평범한 어른, 아이까지 꽤 두껍습니다. 도감의 진가는 어려운 내용을 보통 사람도 알 수 있도록 쉽고 친절하게 푸는 데 있습니다. 전문가에게는 도감이 필요 없을 수 있기 때문입니다. 전문가는 분야별로 끊임없이 나오는 세세한 분류 논문이나 생태 논문을 찾아 모으면 되고, 비용을 지불하면 외국 논문도 때마다 받아볼 수 있으니까요. 그런데 사실 전문가도 도감을 많이 봅니다. 도감 독자 유형을 전문가(연구자), 마니아(애호가), 관련 업종 종사자, 교육자, 일반 대중으로 나누고 유형별로 사람들이 왜 도감을 보는지 살펴보겠습니다.

학자나 연구자인 전문가는 왜 도감을 볼까요? 앞서 말한 대로 자기 분야 논문을 모아 스크랩하거나 메일링 서비스를 받아도 되는데 말입니다. 너무 궁금해서 여러 전문가에게 물어봤습니다. 그런데 뜻밖에도 첫 대답은 대부분 "모르니까요"였습니다. 전문가는 주로 과나 속 단위인 작은 그룹을 연구해 학위를 받는데 사회에 나와 일할 때면 목, 강 단위, 심하면 문 단위까지 폭넓은 연구나 조사 과제를 수행합니다. 예를 들어 버드나무 분류를 연구해 학위를 받은 사람이 식물상 조사 과제를 맡으면 담당 지역 식물을 모두 조사해야 합니다.

"모르니까요" 다음으로 많은 대답은 "못 외우니까요"였습니다. 몇 종 안 되는 양서류, 파충류, 포유류 같은 분야 전문가라면 모를까 수천 종에 이르는 나방이나 풀 전문가라면 종을 모두 외우기가 어렵습니다. 이와 관련해 재미있는 예가 두 가지 있습니다. 자연과생태에서 도감을 낸 어느 저자는 도감 교정 과정에서 받았던 본문 pdf를 유출하지 않기로 약속하고 핸드폰에 넣어 다닙니다. 그는 수천 종을 담은 도감을 냈으면서도 다 외우지 못하니 현장에서 아리송한 종을 만나면 자기가 낸 도감 파일을 열어 이름을 확인합니다. 또 다른 일로, 한 번은 나방 연구에 큰 획을 그은 노

학자를 모시고 현장에 간 적이 있습니다. 밤에 발전기를 돌려 불을 밝히고 불빛에 날아오는 나방을 관찰하기로 한 때였는데, 그 분을 모시고 가면 현장에서 바로 종 이름을 확인해 주시겠거니 생각했습니다. 100종이 넘는 나방이 날아왔고 모르는 나방이 날아들 때마다 "교수님, 얘 이름이 뭐예요?"라고 묻길 반복했습니다. 그럴 때마다 돌아오는 대답도 똑같았습니다. "내가 낸 도감 몇 쪽 언저리에서 찾아보면 있어" 그러면서 "내가 그걸 다 외우면 뭐 하러 도감을 냈겠어"라고 덧붙였습니다.

도감을 무척 반기는 전문가도 있습니다. 보통 전문가는 분류나 생태를 연구해 학위를 받기에 생태를 공부한 사람은 분류에 기초한 도감을 많이 볼 수밖에 없습니다. 생태 연구자는 자기가 연구한 종이나 무리, 그들의 서식 환경은 깊이 이해하지만 그와 관계 맺고 사는 다양한 종을 알아보는 데는 한계가 있기 때문입니다. 예를 들어 연어의 번식 특성과 이동 경로 연구로 학위를 받았는데, 우리나라 민물이나 연안에 사는 물고기 조사 과제를 수행해야 한다면 연안 물고기나 민물고기 분류 도감을 참고해 관찰 종을 기록

해야 합니다.

마니아나 애호가라고 부를 만한 그룹도 두꺼운 도감 독자층입니다. 생업이 생물 연구는 아니지만 집요함은 전문가에 뒤지지 않습니다. 아이부터 어른까지 나이대도 다양하며 남녀 가리지 않고 많습니다. 누가 시키지도 않는데 시간과 돈을 상당히 투자하고 탐사 위험도 마다하지 않습니다. 같은 마니아라고 하더라도 수준은 제각각입니다. 열정은 비슷해도 들인 시간과 노력 차이가 크기 때문입니다. 무작정 생물을 좋아해 열정을 쏟는 사람이 있는가 하면, 무척 학구적이어서 전문가나 다름없거나 기존 전문가를 능가하는 사람도 있습니다. 뒤늦게 학위를 취득하고 생물 연구자로 전향하는 사람도 많고, 전문가와 협업해 좋은 논문을 발표하는 일도 많습니다.

이 그룹의 역할이 빛을 발하는 분야는 생태입니다. 가끔 하는 이야기가 있습니다. 아이들이 어느 정도 자랄 때까지 육아에 집중하다가 남편은 출근하고 아이들은 학교와 학원을 다니며 혼자 있는 시간이 많아진 어머니들 가운데 생물 관찰을 취미로 삼은 이들이 우리나라 생태 연구에 가장 크게 기여한다는 이야기입니다. 멀리 가지는 못하더라도 동네 뒷산이나 들판으로 매일 나가 생물을 꾸준히 관찰하는 그들이 생태 관찰 기본이라 할 지속성과 연속성을 가장 잘 실천하기 때문입니다.

생물 마니아 손에는 늘 카메라와 도감이 들려 있습니다. 누구나 생물 관찰에 첫발을 디디면 사진으로 기록을 남기고 자기가 만난 생물 이름이 무엇인지 찾습니다. 사진 찍고 도감을 뒤적여 이름을 확인하는 일을 몇 해 반복하다 보면 가까운 곳 탐사에서는 더 이상 새로운 종을 만나지 못하며, 이때부터는 환경이 다른 서식지를 찾아 장거리, 장기간 탐사를 다닙니다. 도감에 있으나 아직 만나지 못한 종을 간절히 찾아다니며, 여러 도감을 뒤적여도 보이지 않는 종을 만나면 희열을 느낍니다. 그러다 보면 여러 도감에서 오류나 아쉬운 점을 발견하며 그런 부분을 바로잡으려고 생물을 더욱 파고드는 단계로 넘어갑니다.

생물 관련 업종에서 일하는 사람들 가운데도 도감 소비자가 많습니다. 공원이나 산림, 수질 등 자연환경을 관리하는 업종, 농수산업, 임업 같은 1차 산업, 식약용 개발, 천적

산업이나 방역 같은 응용 산업 등 생물 관리나 활용을 사업과 연계한 업종이 많습니다. 이들은 도감을 가장 실용적으로 소비하는 그룹이며 사용 목적이 뚜렷합니다. 예를 들면 아파트 관리사무소에서는 단지 화단 식물과 조경수에 문제가 생기면 원인을 찾아 해결해야 합니다. 도심에서 살기에 적당하지 않은 품종이거나 질병이 생겼을 수 있으니 이럴 때는 조경수나 병해충 도감을 살펴 해결책을 찾을 수 있습니다. 또 다른 예로, 개발 계획에 따라 산자락 밑에 주거단지를 조성하면 주택에서 새어 나오는 불빛이나 가로등 불빛에 수많은 곤충이 날아들 수 있습니다. 주민에게나 산에 살던 곤충에게나 피해가 클 테지요. 이럴 때 시공업체는 불빛에 날아드는 곤충 도감을 살펴 어떤 종이 날아오고 어떤 종류 불빛을 좋아하는지를 참고해 곤충을 덜 끌어들이는 광원으로 가로등을 설치할 수 있습니다.

다음으로 교육자 그룹을 살펴보겠습니다. 여기에는 학교나 유치원, 어린이집 교사는 물론 약 20년 전부터 해마다 늘어난 숲해설가, 자연해설사, 숲치유사, 생태안내자 등이 있습니다. 이들은 다양한 이름으로 불리지만 하는 일은 대개 비슷하며 아무래도 자연 자체를 알아가는 일보다 교육이 더 관심사입니다. 즉 이들에게 자연은 소재, 교육은 목적이라고 볼 수 있습니다. 이따금 본래 목적에서 벗어나 자연 탐구에 심취할 때도 있지만, 이 그룹은 대부분 교육 소재인 자연 공부와 목적을 이루는 데 갖춰야 할 교수법 공부, 이 두 갈래를 병행합니다. 생물 탐구보다는 생물 특성에서 이야기를 뽑아내 흥미롭게 전달하고, 원하는 성과를 얻으려 하기 때문에 스토리텔링에 능숙한 사람이 많습니다. 전문가 입장에서 보면 별 내용이 아닌 듯한데도 이들 입을 거치면 그럴듯한 이야기로 탈바꿈합니다. 마치 이야기꾼 같습니다. 이런 특성 때문에 이들은 형태보다 생태가 많이 소개된 도감을 좋아합니다. 생물 이름을 아는 것만으로는 이야기를 풀기 어렵기 때문입니다.

크게 그룹을 이루지는 않지만 나름 목적이 있어 도감을 살펴보는 사람도 있습니다. 좋은 표현은 아니지만 이해를 돕고자 일반 대중이라 뭉뚱그려 보겠습니다. 자연 관련 전공 학생, 환경보호 활동가, 생약이나 먹거리를 공부하는 사람, 자연에서 영감이나 소재를 얻어 작업하는 예술가,

귀촌해서 지내며 주변 생물이 궁금해진 사람, 낚시나 등산, 캠핑 같은 아웃도어 라이프를 즐기는 사람, 도심에서 자랄 아이에게 책으로나마 자연을 알려 주고 싶은 부모 등 참으로 많은 사람이 다양한 이유로 도감을 찾습니다. 예전에 도쿄에 있는 지브리 미술관을 다녀온 적이 있는데, 그곳에 꾸며 놓은 애니메이터 작업실에 온갖 도감이 빼곡했습니다. 다른 종류 책은 거의 없는 것을 보면서 애니메이션을 만들고 세밀화나 삽화를 그리는 사람도 도감 독자라는 사실을 알았습니다. 그리고 생각지도 않았던 어느 시골 청년은 자기 동네 사람들이 마시는 물인 계곡 수질을 알아보고자 수질평가종이 담긴 물속생물 도감을 활용하기도 했습니다.

막연하지만 도감 독자를 어린이와 노년으로 나눠서도 생각해 볼 만합니다. 아직 생물에 선입견이 생기지 않은 어린이들은 동식물을 거부감 없이 대하며 무척 신기해합니다. 곤충, 포유류, 새, 개구리, 물고기뿐만 아니라 뱀이나 지렁이, 노래기, 거머리 같은 동물에도 거리낌이 없습니다. 도감만 쥐어 주면 하루 종일 뒤적이는 아이도 제법 있습니다. 아쉽게도 움직이지 않아서인지 식물에 호감 갖는 아이는 드뭅니다. 반대로 어르신들은 식물을 좋아합니다. 노년에 접어들어 시간이 많아지면서 대개 산나물도 뜯고 버섯도 따고 꽃도 가꾸는 등 자연친화적인 삶을 꿈꿉니다. 게다가 먹고사는 일에 급급하다가 기력이 떨어져 물러앉았던 예전 어른들과 달리, 요즘 어르신들은 건강 관리도 잘하고 학식도 높아 생물 공부 재미에 푹 빠져 지내는 분이 많습니다.

마지막으로 독자층 규모 1, 2위를 다툴지도 모르는 큰 그룹이 하나 있습니다. 소비처라 하는 것이 더 알맞겠지만 바로 도서관입니다. 도감은 편집 기간이 매우 길고, 컬러에 두껍기까지 해 가격이 비쌉니다. 개인이 선뜻 사기에는 부담스러운 것이 사실이라 도서관이 구입해 제공할 때가 많습니다. 사서가 직접 고르기도 하고 도감을 사기 부담스러운 독자가 도서관에 마련해 달라 할 때도 많습니다. 사실 도서관도 도감이 부담스럽기는 마찬가지입니다. 공공성을 생각하면 갖춰 놓는 것이 좋지만 도감 한 권 살 돈이면 다른 책 네댓 권이나 심지어 스무 권도 살 수 있기 때문입니다. 그래도 공익성 구색을 갖추고자 많은 도서관에서 도감을 마련해 놓습니다.

도감 모양 넓히기

어떤 분야 도감을 내고자 할 때는 그 분야 분류학이나 생태학 연구가 어느 단계까지 진행되었는지를 살피는 일이 중요합니다. 국내에 아무런 기초 자료가 없는 황무지 같은 분야도 있고, 분류가 불안정하거나 안정된 분야도 있으며, 생태적으로도 많이 접근한 분야도 있는데, 어느 단계든 빈틈이 있어야 그를 보완하는 도감을 낼 이유가 생기기 때문입니다.

그렇다고 반드시 빈틈을 보완하는 도감만 필요하지는 않습니다. 봐줄 사람이 있어야 도감을 낸다는 기본 원리를 생각하면 알려진 도감 유형을 따르거나 한 분야의 빈틈을 찾기보다는 독자가 바라는 방식을 고려해서 전형을 극복하고자 노력해 볼 만합니다.

도감 확장 가능성은 전혀 생물을 모르는 사람을 고려할 때 커집니다. 대중용 도감을 구상할 때 살필 요소는 종 선정과 풀이 방법입니다. 종 선정부터 살펴보겠습니다. 조금 전문성을 띤 도감을 구상한다면 가능한 많은 종을 넣는 것이 중요합니다. 그런 도감을 바라는 독자는 모르던 내용을 배우고 싶어 하기 때문입니다. 그러나 대중용 도감에서는 많은 정보보다 공감이 더 크게 작용합니다. 그러므로 흥미로운 종, 공감을 이끌어 낼 만한 종을 선정해서 생물이 내 삶과 동떨어지지 않았다는 인상을 주는 것이 좋습니다.

많은 종수를 담으려는 저자의 욕심이 독자 호응으로 이어지지 않습니다. 생물에 아무 관심이 없던 사람이 보기를 바라는 도감에 수백, 수천 종을 담는 것이 무슨 의미가 있을까요? 오히려 독자는 내가 다가갈 분야가 아닌가 보다 생각하며 도감을 멀리할 수도 있습니다. 그래서 대중용 도감에서 공감에 이어 중요한 것은 만만함입니다. 종수가 적지만 그중에는 이따금 보던 종, 알아 두면 이야깃거리가 될 만한 종이 있는 정도면 알맞습니다.

이름이 거창한 '식물 도감'보다는 '공원에 피는 꽃 도감', '도시 가로수 도감', '학교 나무 도감', '창경궁 나무 도감', '봄나물 도감', '정원수 도감'처럼 생활 주변에서 만나는 식물을 주제별로 엮는다면 독자가 무척 친근하게 여기며 한번 살펴볼 마음을 먹기 쉽습니다. 이런 도감을 접한 독자라면 산책할 때 보이는 나무를 알아보며 즐거워하겠지요. 운전하면서도 "여기 길가에는 이팝나무를 심었네. 저리 희게 핀 꽃이 쌀밥을 닮았다 해서 이팝나무라고 불렀다대", "저쪽에는 모감주나무를 심었구나. 까맣고 단단하게 익는 열매로 염주를 만들었다더군"하며 동승자에게 설명해 주는 재미도 느끼겠지요.

학교에 주로 심는 나무 이름을 안 아이가 친구들에게 "이건 양버즘나무야. 보통 플라타너스라고 부르지. 양버즘나무는 우리말 이름이고 플라타너스는 버즘나무 종류를 일컫는 속명이야. 그러니까 여러 버즘나무를 통틀어 부르는 이름이지. 북아메리카가 고향인데 일제강점기 때 많이 들어왔대"라고 말한다면 친구들에게 "너 식물박사구나"라는 말을 들을 수도 있겠지요. 어쩌면 그 아이는 친구들 칭찬에 우쭐해져 식물박사라는 별명에 걸맞게 더 많이 식물을 공부하다가 연구자로 성장할지도 모릅니다.

종수를 알맞게 선정했다면 어떻게 풀이할까도 결정합니다. 도감에는 반드시 형태와 생태 설명이 있어야 한다는 생각을 떨치고, 도감을 보아 주기를 바라는 독자가 무엇에 관심이 많을지에 초점을 맞추어 그에 맞는 풀이 방법을 찾아야 합니다.

식물을 다룬 책 가운데 20년 넘게 사랑받았던 베스트셀러가 있습니다. 『우리 나무 백 가지』입니다. 개정증보판이 나오면서 부제가 '우리가 정말 알아야 할'에서 '꼭 알아야 할 우리 나무의 모든 것'으로 바뀌었습니다. 이 책 기획은 참 영리했습니다. 식물을 공부하는 사람이라면 제목만 듣고 '식물이 얼마나 많은데 고작 100가지라니'라고 생각할 수도 있습니다.

그러나 이 책이 독자로 삼은 대상은 대중입니다. 아무리 식물에 관심이 없더라도 100종쯤이라면 도전해 볼 만하고, '이 책만 보면 일상에서 만나는 나무를 알아볼 수 있겠구나'라고 생각할 만합니다. 게다가 꼭 알아야 한답니다. 이 말은 '이 정도는 누구나 알고 있다'라고도 들립니다. 묘

『우리 나무 백 가지』.
식물을 소재로 대중에게
다가가려는 기획이 돋보인
책입니다.

한 부추김입니다. 그리고 기획이나 구성은 글 풀이로써 완성됩니다. 이 책에는 식물 형태나 생태 설명보다 식물 이름 유래, 용도, 식물을 둘러싼 정서 같은 문화 설명이 더 많습니다. 식물을 소재로 도감이 아니라 인문책을 펴낸 셈입니다. 도감은 생물을 알고 싶다는 목적이 뚜렷한 사람이 보지만 인문책은 별 이유 없이 집어 들기도 하니 독자층이 넓어졌습니다.

인지 능력이 개발되는 단계에 있는 아이에게 생물을 알려 주고 싶다면 도감에 QR코드를 넣어 동물 울음소리를 바로 들려주거나 나팔꽃에서는 나팔, 해바라기에서는 해, 고슴도치에서는 밤송이처럼 비슷한 사물 사진을 함께 실어 보여 주는 방법도 좋겠습니다. 요즘은 책에 향기를 담는 방법도 있으니 냄새 도감을 만들어도 재미있겠습니다.

한갓진 곳에 집을 짓고 뜰을 꾸미고 싶어 하는 사람을 독자로 삼는다면 사계절 내내 집에서 꽃을 볼 수 있는 방법을 도감에서 알려 주면 좋을 듯합니다. 바람꽃, 복수초를 심어 눈 속에서부터 꽃을 보고, 매화나 생강나무 꽃으로 이른 봄을 즐기며, 진달래, 벚나무, 개나리, 살구나무 등 여러 나무를 심어 꽃 천지인 4~5월을 보내고, 장미나 배롱나무 꽃을 보며 한여름을 나고서 구절초로 가을을 떠나보낸다는 식으로 말이지요.

또는 전통 뜰이나 고택에 있는 나무만 모아서 왜 옛사람들은 그런 나무를 곁에 두었는지, 그런 나무는 사람들에게 어떤 영향을 주었는지, 문학이나 미술, 음악, 놀이, 복식 등에서는 그런 나무를 어떻게 다루었는지 문화사적으로 해설하며 생태학적으로 새로운 시선을 더해 주는 방식도 흥미롭겠습니다. 그리고 해양생물을 먹거리로 보고 해산물 도감을 엮어 종의 생태와 어촌의 생활 문화를 함께 설명한다면 더 쉽게 독자 흥미를 끌 만하지 않을까요?

생물 도감을 이야기하는 이 책 주제와 꼭 맞지는 않지만 도감이라는 방식을 생물뿐만 아니라 여러 분야로 확장해 봐도 좋을 듯합니다. 이런 관점에서 최근 가장 흥미를 끌었던 책은 일본 번역서인 『아저씨 도감』입니다. 온갖 유형 아저씨를 관찰하고 그림으로 나타냈습니다. 번역되지

『아저씨 도감』,
자연 말고도 다양한 분야를 도감이라는 그릇에 담을 수 있습니다.

않은 일본 책 가운데는 『엄마와 아이 도감』도 있습니다. 이런 스타일 엄마에게는 꼭 이런 스타일 아이가 있다는 내용입니다. 무척 기발하고 재미있습니다. 생물 도감 시각으로 본다면 사람 생태를 관찰한 생물 도감이라고 할 만합니다. 자연과생태에서는 얼마 전부터 '시골 살림 도감'을 펴낼 저자를 찾고 있습니다. 평상, 세숫대야, 빨래줄 받침 장대, 밀짚모자, 호미처럼 시골 살림에서 쓸모 많은 생활 도구를 재미있게 이야기해 주는 콘셉트입니다. 예쁜 전원주택 도감, 정겨운 냇물 도감, 개성 있는 창문 도감 같은 책도 있으면 좋겠습니다. 이처럼 전형에 얽매이지 않고 방식, 분야를 넘나드는 융합을 도감에도 적용해 보면 어떨까요?

기다리기보다 다가가기

도감이 무엇인지를 이해하는 데 조금이나마 도움이 되고자 쓴 첫 장에서 마지막으로 나누고 싶은 이야기는 대중에게 다가가기입니다.

자연과학처럼 좁은 분야를 연구하는 사람들은 쉽지 않은 길을 걸어왔기 때문에 대개 고집이 세고 자부심이 강합니다. 어쩌면 그런 성향을 타고났기에 생물을 좋아하는지도 모릅니다. 생각해 보면 생물을 탐구하는 사람만큼 혼자 놀기 달인도 없습니다. 곤충이나 꽃, 새를 보러 다니기에도 시간이 부족하고 마음이 늘 바쁘다 보니 외롭다 느낄 틈도 없어 보입니다. 좋게 보면 의지가 강하지만 나쁘게 보면 사회성이 떨어진다고 할 만합니다.

이런 점에서는 자연과생태도 반성합니다. 지나치게 고

집스러우며, 소재를 발굴하고 책을 펴내는 데만 집중하지 파는 데는 신경을 잘 쓰지 못합니다. 상품을 만들어 파는 일이 제조업 원리라는 것도 잊은 채 말이지요. 게다가 상품성이 없는 책도 많이 내고, 전문 분야와 대중을 잇겠다는 본분도 잊으며 책 펴내는 놀이에 빠진 듯 지내기도 합니다.

이런 성향이 좋은 방향으로 작용할 때도 있지만 스스로나 분야를 더욱 고립시키기도 합니다. 저자도 출판사도 조금 시선을 돌려 대중과 접점을 찾고 저변도 넓히면 좋겠습니다. 달리 말하면 그리 좋고 재미난 일을 많은 사람과 나누고 그들을 동료로 끌어들이기를 바랍니다.

혼자 놀기 달인이라는 말과 어긋나지만 저변이 좁은 분야 사람들은 대중이 자신이나 분야를 알아주기를 바라기도 합니다. 그러면서 또 당위성을 내세우거나 눈길 주지 않는 이들을 탓하기도 합니다. 대중이 알아주기를 바라기에 앞서 다가가려고 노력했는지 돌아볼 일입니다.

이따금 자기 정보를 푸는 일을 아까워하는 저자가 있습니다. 많은 비용과 시간을 들여 힘겹게 얻은 자료를 남들이 너무 쉽게 얻어 가는 것이 못마땅한지 '나와 같은 반열에 오르려면 나만큼 고생하라'는 심보입니다. 그런데 도감 저자들이 한 입처럼 하는 말이 있습니다. "도감 작업을 하며 배웠다"입니다. 도감을 내는 일이 서비스 같지만 정작 진일보한 것은 자신이었다는 이야기입니다. 어느 단계에서 지난 과정을 정리하고 일단락 지은 저자는 거기에서부터 또 다시 앞으로 나아갑니다. 그런 저자를 보면 많이 아는 것이 자랑이 아니라 많이 나누는 것이 자랑이라는 점, 사람은 많이 나누면서 더욱 발전한다는 점을 새삼 느낍니다.

도감이 책의 한 종류라는 점도 간과하지 않으면 좋겠습니다. 대중이 읽어 주기를 바라기에 책을 냅니다. 그렇다면 이 분야에서는 원래 이런 모양으로 책을 낸다거나 이것이 이 분야 소통 방식이라고 강요하기보다는 대중의 마음과 방식에 맞추려고 애써야 합니다. 예를 들어 사람들이 인문이나 자기계발 책에 관심이 많다면 생물을 소재로 그에 맞는 책을 지으면 좋지 않을까요? 많은 사람에게 익숙한 그릇에 그들 입맛에 맞게끔 내 이야기를 요리해 담아 내면 언젠가는 사람들도 그 요리의 기원을 알고자 하는 날이 오리라 생각합니다.

도감 펴내기

출판 원리

전통 출판은 금속활자 인쇄술이 발달해 같은 내용을 무한정 찍어 내면서 복제와 배포에 무게 중심을 두는 인쇄소 중심 산업으로 시작했습니다. 1500년대부터 활발해졌으니 꽤나 역사가 깁니다. 그 이전 출판물이라면 목판본이나 필사본이 있습니다.

오랫동안 출판은 콘텐츠를 생산한 저자와 복제할 수 있는 인쇄소 사이의 일이었습니다. 저자가 인쇄소로 내용을 넘기면 인쇄소는 금속활자로 인쇄판을 짠 뒤에 대량으로 찍어 내 유통하고, 거기서 발생한 수익을 저자와 인쇄소가 나눠 가졌습니다. 세월이 흐르면서 그 사이에 출판사가 끼어들었고 유통을 전담하는 서점도 생겨 지금은 출판사(저자) - 인쇄소 - 서점을 기본 골격으로 출판 산업이 돌아갑니다.

이 구조는 콘텐츠 생산-제작-유통으로 나눈 것으로 콘텐츠 생산에서는 저자와 출판사를 한 몸통으로 봅니다. 그런데 출판사가 제작 및 유통에 관련된 비용과 관리 업무까지 담당하므로 저자가 바라볼 때는 출판 핵심 구조에서 저자와 출판사만 남습니다.

저자와 출판사의 공통 목적은 콘텐츠를 생산, 제작, 유통해서 발생하는 수익을 분배하는 것이며, 각자 역할을 나눠 책임과 권한을 갖습니다. 즉 책이라는 상품을 함께 만드니 각자 공평한 비율로 투자해야 하며 이 부분이 책임에 해당합니다. 비용 측면에서 책임은 출간 작업 앞과 뒤로 나눌 수 있습니다. 저자는 콘텐츠를 생산하는 데까지 드는 비용, 출판사는 책으로 만들고 유통하는 과정에 드는 비용을 부담합니다. 보통 책을 내려 할 때는 기초 자료가 완성된 상태이니 저자는 콘텐츠를 생산하는 데까지 드는 비용을 이미 투자한 셈일 때가 많으며, 출판사는 출간 결정 때부터 비용을 투자합니다. 좀 더 자세히 말하자면 저자가 자료를 확보하고 정리하느라 든 활동 경비, 시간 등을 저자 비용으로 보고, 출판사가 그 자료를 받아 편집, 제작, 관리, 홍보하는 데 들어가는 비용을 출판사 비용으로 봅니다.

내용 측면에서 책임을 살펴보면 저자는 독창성과 오류에 책임이 있습니다. 내용을 스스로 만든 것인지, 다른 저작물을 복제, 인용할 때 허락을 받아 저작권 분쟁이 생길 여지가 없는지 등과 책에 있는 오류를 최종 책임집니다. 그리고 출판사는 편집 과정에서 발생한 오류와 책 관리를 책임집니다.

각자 책임이 있는 만큼 권한도 있습니다. 저자는 근원 자료를 생산한 데 따른 저작권을 가지며, 출판사는 그를 바탕으로 책꼴을 만들고(편집권) 최종 생산한 책을 파는(판매권 또는 배포권) 권한을 갖습니다. 즉 출판사는 저자에게 자료 생산에 따른 대가(인세)를 지불하고 저자는 출판사에 그 자료를 편집하고 독점으로 판매할 권리를 줍니다.

이런 원리로 볼 때 저자가 완성도 높은 원고를 작성할 뿐만 아니라 편집도 할 수 있고 판매할 길까지 찾을 수 있다면 출판사를 거치지 않고 직접 책을 제작해 유통하면 됩니다. 마찬가지로 출판사도 근원 자료를 직접 생산할 수 있다면 저자가 필요 없습니다. 실제로 저자가 출간 작업에 드는 비용을 투자하고 자신이 판매권까지 갖거나, 출판사가 필요한 내용을 직접 취재해 책을 내어 저작권까지 갖기도 합니다. 그러나 이렇게 하면 효율이 매우 낮기 때문에 이런 사례는 드뭅니다.

그렇다면 저자와 출판사는 저마다 아쉬운 점이 있어 협업한다고도 볼 수 있습니다. 원리로만 보면 저자는 출판 및 유통 체계에 쉽게 진입하지 못하고 홍보하기도 어려워서, 출판사는 콘텐츠를 직접 생산하는 데 들어가는 비용과 시간을 감안하면 생산성이 떨어져 모든 과정을 도맡아 하기가 부담스럽겠지요. 그러나 저자와 출판사가 협업하는 가장 중요한 이유는 다른 데 있습니다. 바로 완성도입니다. 저자는 콘텐츠를 만드는 데만, 출판사는 편집하고 판매하는 데만 집중해서 만든 협업 결과물이 각자 책을 만들었을 때 나오는 결과물보다 훨씬 좋기 때문입니다.

출판 기본 원리를 살펴봤지만 요즘 출판에서 저자와 출판사 관계는 이처럼 단순하지가 않습니다. 과학 기술이 발전하면서 옛날과 달리 정보 창구가 다양해졌고, 정보 전달 방식이 수평적으로 바뀌었으며 나아가 양방향 소통까지 바라는 상황이기 때문입니다. 이런 사회 시스템 변화에 따라 출판 형태도 종이책에서 전자책, 웹 서비스 등으로 바뀌기를 바라는 추세입니다. 즉 전달 방식뿐만 아니라 장치도 바뀌기를 바라는 셈이지요.

또한 옛날에 비해 책을 사려는 사람이 줄어든 것도 저자와 출판사 관계가 단순하지 않은 이유 가운데 하나입니다. 책 말고도 정보를 얻을 길, 즐길거리가 많아지는 바람에 독자가 눈에 띄게 줄어들었습니다. 그러다 보니 출판사는 작아진 시장에서도 판매가 가능하며 다른 장치에도 적용할 수 있는 완성도 높고 확장성 큰 콘텐츠를 먼저 찾고, 그런 다음 이를 엮어 줄 저자를 찾습니다. 요즘은 저자가 출판사를 고르기보다 출판사가 저자를 고르는 일이 더 많은 것도 이 때문입니다.

그리고 이런 일은 사회 변화로 말미암아 동등하던 저자와 출판사 입지가 바뀌었다기보다는 책을 발행했을 때 판매에 성공할 확률이 낮아지자 출판사가 실패율을 낮추려는 데서 비롯한 현상으로 봐야 맞을 듯합니다. 책 판매에 실패하면 저자가 입는 피해보다 출판사가 입는 피해가 너무 크기 때문입니다. 저자는 출간 목적이 아니어도 콘텐츠를 생산하는 일에 시간과 돈을 들였다고 볼 수 있지만 출판사는 오로지 출간을 목적으로 돈을 들입니다. 그래서 대개 저자는 책 판매 실적이 좋지 않더라도 금전 손해를 입지 않을 뿐더러 보람을 얻거나 지명도라도 높일 수 있지만 출판사는 손실만 떠안기 때문입니다. 몇 번 실패야 감당하겠지만 수차례 연이어 실패하면 치명적입니다.

그러나 아무리 출판을 둘러싼 상황이 바뀌었다 하더라도 저자와 출판사에게는 변하지 않는 1차 권리가 있습니다. 저자는 출판사를, 출판사는 저자를 선택할 권리입니다.

도감 출판 장단점

출판 시장에서 자연과학 분야도 그렇지만 그에 딸린 도감 시장은 더욱 작습니다. 그래도 자연과생태처럼 도감을 내는 곳이 있으니 뭔가 매력이 있을 테고, 다른 출판사에서는 좀처럼 손을 대지 않으니 뭔가 꺼리는 이유가 있을 듯도 합니다. 출판사 시선으로 도감은 어떤 매력이 있는지, 반대로 어째서 매력을 못 느끼는지를 살펴보겠습니다.

도감의 첫 번째 매력은 근원 자료를 생산한다는 점입니다. 이는 다시 말해 확장성이 좋다는 뜻입니다. 기초 자료를 소비하는 시장은 작더라도 이를 바탕으로 다양하게 변형, 활용할 수 있습니다. 흔히 말하는 '원 소스 멀티 유즈'입니다. 예를 들어 나비를 정확히 분류하고 사진 자료를 확보한 나비 도감을 펴내면 독자층이 나비나 곤충 전문가로 제한되지만 이 자료를 바탕으로 하면 어린이용, 교육자용 나비 도감을 낼 수 있으며, 나비 관찰기나 에세이를 엮어 대중에게 다가가는 시도도 해 볼 수 있습니다. 그리고 인터넷에 정보를 제공하는 업체나 대민 서비스를 하는 공공기관에 도감 내용을 대여할 수도 있으며, 한국말을 몰라도 사진이나 학명만으로 정보를 알 수 있으니 전 세계 생물 정보를 취합하는 글로벌 연구사업 같은 프로젝트에도 도감 내용을 공급할 수 있습니다. 실제로 자연과생태에서 발행한 도감은 외국 서점에서 판매되며, 인터넷에 오르고, 여러 나라 학술원이나 연구기관, 대학 도서관에 놓입니다. 이처럼 기초 자료는 데이터베이스로 만들기 좋고, 용도에 맞춰 가공할 수 있는 원석 같습니다.

두 번째 매력은 책 수명이 무척 길다는 점입니다. 어떤 분야 도감을 내면 아주 새로운 시각이 반영되거나 정보량, 질이 뚜렷하게 향상된 도감이 나오기 전까지는 수십 년이 지나도 그 도감이 가장 최근 정보를 담은 도감입니다. 생물 연구 특성상 정보 갱신 속도가 빠르지 않기 때문에 생기는 매력입니다. 같은 맥락으로 유행을 타거나 세월에 크게 영향을 받지 않는 것도 장점입니다. 한번은 IT 분야 책으로 크게 성장한 출판사의 영업자가 자연과생태에서 나온 식물 도감을 보다가 뜬금없는 질문을 했습니다. "아까시나무가 100년 뒤에도 아까시나무일까요?" 당연하다고 이야기하니 역시 또 뜻밖의 반응을 보였습니다. "그럼 지금 도감에 실린 내용이 100년 뒤에도 다 똑같다는 건가요?" "아마 그렇겠지요." 그는 IT 분야는 기술 발전 속도가 무척 빨라 몇 달 못 가서 책 내용이 바뀌는 일이 많아 해마다 개정판을 내야 한다며 모든 것이 급변하는 세상에 오랜 세월이 지나도 변하지 않는 정보가 있다는 것이 놀랍다고 했습니다. 그러면서 "더 이상 새로운 식물 도감이 나오지 않는다면 100년 뒤에도 이 도감을 쓸 수 있겠네요?"라고 물었습니다. 저는 개정판을 내거나 전자 파일로 바뀌거나 지금 우리가 상상할 수 없는 새로운 장치로 모양이 바뀔 수는 있어도 내용 자체는 유효하리라고 말했습니다.

세 번째 매력은 다루는 소재 가치가 세월이 지날수록 높아진다는 점입니다. 사람들이 관심 쏟는 대상은 자주 변합니다. 그래서 제조업에서는 늘 그에 맞는 신상품을 내며 소비자 눈길을 잡으려 하고, 다음에 관심이 몰릴 곳이 어디일지 알려고 촉각을 세웁니다. 그러나 자연을 향한 사람들 관심은 변할 리 없습니다. 비록 지금은 자연에 관심을 쏟는 사람이 많지 않더라도 거듭된 개발로 자연이 파괴될수록 반대급부로 자연과 가까운 삶을 꿈꾸는 사람들은 늘어나리라 생각합니다. 생물이나 깨끗한 환경은 그런 삶을 진단하는 척도가 될 가능성이 매우 크기에 가치도 점점 높아질 테지요. 어쩌면 지금은 흔한 참새조차도 나중에는 보기 힘들어져 도감에 담긴 채 명맥을 유지할지도 모릅니다.

도감의 네 번째 매력은 유니크하다는 점입니다. 세계에서 보면 우리나라에 사는 생물은 그 자체로 유니크하기 때문에 국내에서 나온 어떤 분야 첫 도감이 전 세계 첫 도감일 가능성이 큽니다. 누구나 생물을 깊이 탐구하다 보면 이웃 나라나 전 세계까지 눈길을 돌리기 마련입니다. 새를 관찰하는 사람을 예로 들어 보겠습니다. 우리나라에만 사는 텃새도 많지만 계절에 따라 번식지와 월동지를 옮겨 다니다가 우리나라에 들르는 철새도 많습니다. 호주나 뉴질랜드에서 출발해 우리나라에서 쉬며 체력을 보충하고 중국이나 러시아까지 날아갔다가 다시 출발지로 돌아가는 새를 다룬 자료를 모으려면 호주나 뉴질랜드, 중국이나 러시아 새 도감을 살펴야 합니다. 자연과생태 도감 가운데는 우리나라보다 외국에서 더 많이 팔린 책이 몇 권 있습니다. 국내에서는 아직 독자가 많지 않은 분야더라도 외국에는 그 도감이 필요한 독자가 있기 때문입니다.

책값에 가치 비용을 더할 수 있는 것도 매력입니다. 출판사는 대개 책을 만들 때 든 비용과 예상 판매량을 따져 책값을 매깁니다. 그러나 도감은 소재 희소성, 내용 깊이, 국외 통용 여부 등에 따라 가치 비용을 더 얹더라도 가격 저항을 덜 받는 편입니다. 예를 들면 자연과생태가 세계에서 처음으로 낸 도감인 『세계 장수풍뎅이 해설』과 『한국 잠자리 유충』은 300쪽 남짓 분량인데 책값이 10만 원에 가깝습니다. 실은 이보다 더 높은 가격을 매기려고 했다가 적은 수라도 국내에 있는 독자에게는 너무 부담되겠다 싶어서 10만 원을 살짝 밑돌게 정했습니다. 정보를 깊이 있게 다룬 두 책 모두 여러 나라로 팔려 나갔으며, 『한국 잠자리 유충』은 새로운 분류체계까지 제시해서 세계 학계를 놀라

『세계 장수풍뎅이 해설』과 『한국 잠자리 유충』. 세계에서 처음으로 나온 도감이라 우리나라보다 외국에서 더 좋은 반응을 보였습니다.

게 했고, 저자가 국제 학술대회에 초청받아 강연하기도 했습니다.

소소한 매력 가운데 한 가지만 더 말할까 합니다. 저자, 독자, 출판사의 유대입니다. 바닥이 좁은 분야인 만큼 어려움과 즐거움을 함께 겪으며 분야를 발전시켜 나간다는 동질감이 있습니다. 그래도 출판사는 책을 팔고 독자는 돈을 써서 책을 사다 보니 한정된 독자 주머니만 터는 느낌이어서 미안할 때가 많습니다. 그 보답이랄까요 분담이랄까요, 자연과생태에서는 1년에 발행하는 책에서 20% 정도는 전혀 시장성이 없지만 어떤 분야에서 꼭 필요한 기초 자료라고 여기는 도감을 냅니다. 이런 책을 낼 때는 저자도 인세를 받지 않습니다. 독자, 저자, 출판사 모두 빤히 알 만큼 시장 규모가 작기 때문에 가능한 일인 듯합니다.

이런 장점이 있는데도 도감을 내는 출판사는 적습니다. 또한 도감에 관심 가졌다가도 발행을 멈춘 곳도 많습니다. 왜 그럴까요? 다른 출판사의 깊은 속까지 알기는 어렵지만 표면적 이유는 자연과생태에서 도감을 펴내며 느끼거나 겪었던 단점과 대개 비슷합니다. 이를 바탕으로 도감 출판을 꺼리는 이유를 짚어 보고자 합니다.

아무래도 시장이 작은 것이 가장 큰 이유일 듯합니다. 보통 출판사에서는 작지만 확고한 시장과 견고하지 않지만 큰 시장을 두고 선택할 때 기회가 큰 쪽을 선택하는 편입니다.

편집이나 인력 운영 효율성도 문제입니다. 도감은 여러

가지 표기 규칙이 있으며 사진이 무척 많고 분야에 따라 난이도 차이가 심하며 낯선 이야기도 많습니다. 편집자는 대부분 자기 주력 분야가 있어서 그 분야 내용과 분위기를 잘 알지만 출판계에 자연과학을 주력으로 삼는 편집자는 매우 적습니다. 편집자는 자신이 진행하는 책에서 이해하지 못하는 부분이 있으면 해소하지 않고 건너뛰기가 어렵습니다. 자료를 찾아보거나 저자에게 물어서 궁금증을 풀어야 하는데 자연과학 기초 지식이 부족하다면 이 과정을 여러 차례 반복해야 합니다. 또한 내용을 꿰지 못하면 교정교열을 보는 데도 소심해집니다. 따라서 이래저래 편집 기간이 늘어지는 일이 많습니다.

다른 출판사에서 책을 낸 적이 있는 저자들에게 들어보면 첫 원고를 넘기고 책이 나오기까지 짧게는 1년 반, 길게는 3년 반이 걸렸다는 이야기를 많이 합니다. 심하게는 7년이 걸리기도 했으며 그 사이 담당 편집자가 여러 번 바뀌기도 했답니다. 그러니 한 편집자가 1년에 몇 권을 발행하는지가 중요한 출판사에서 보면 도감은 생산성이 너무 떨어집니다. 시간이 오래 걸려도 시장이 무척 크고 판매 성과를 확신한다면 모를까 그렇지도 않은 분야 책에 인력 한 명을 장기간 투입하기는 어렵습니다.

제작 비용도 중요한 문제입니다. 비용을 투자하고 천천히 회수하는 원리는 어느 분야 출판에서나 마찬가지지만 도감은 초기 비용이 매우 큰 반면 비용 회수 속도는 매우 더딥니다. 자연과생태 책 가운데도 10년이 지난다고 한들 투자 비용을 회수하지 못할 듯한 책이 몇 있습니다. 그러니 도감 한 권 낼 비용으로 진행도 빠르고 비용도 적게 드는 책을 여러 권 만드는 것이 효율 면에서는 당연히 좋습니다. 제조업에서 같은 비용으로 상품 하나를 만들지 다섯 가지를 만들지 선택해야 한다면 대부분 다섯 가지를 고를 듯합니다. 위험이 분산되기도 하지만 기회를 다섯 배로 늘리는 일이기도 하니 말입니다.

그러나 많은 일이 그렇듯 장점이 곧 단점이고 단점이 곧 장점일 때가 많습니다. 앞으로도 독자 반응이 폭발하는 도감이 나오기는 어렵겠지만 도감은 수명이 길고 꾸준하며, 기회는 적지만 안전하고, 세월이 지날수록 체력이 좋아지며 탁월한 전문성도 얻으리라 생각합니다. 결국 도감 출판 여부는 어떤 호흡으로 얼마나 멀리까지 내다보느냐 하는 시각 차이에서 비롯하는 듯합니다.

편집자의 딜레마

출판사에는 관리와 홍보 업무 외에 책 만드는 데 직접 관련된 업무가 세 가지 있습니다. 기획, 편집, 디자인이며 이를 맡아 하는 기획자, 편집자, 디자이너가 있습니다. 기획자는 시장을 살피며 어떤 책을 낼지 구상하고, 저자를 섭외하거나 외국 도서를 찾거나 출간 의뢰가 들어온 원고를 가치, 완성도, 시장성 관점에서 평가해 발행 여부를 결정하며, 저자가 초고를 완성하는 단계까지 관리합니다. 편집자는 초고를 받은 뒤부터 책이 나올 때까지 원고 구성 체계 만들기(포맷팅), 글다듬기(교정교열)뿐만 아니라 디자인, 제작 등 모든 과정에 관여합니다. 디자이너는 편집자의 설계와 독자층을 고려해 책 내용을 가장 잘 나타내면서 보기에도 좋은 그릇에 원고를 담아냅니다.

이처럼 각자 업무가 뚜렷하게 나뉘지만 편집자가 기획자 일까지 할 때가 많고, 디자이너가 하는 일은 뒤에서 다루므로 여기에서는 편집자가 하는 일만 살펴보겠습니다. 지금부터 편집자라 하면 기획 · 편집자를 뜻합니다.

편집자는 책 작업을 진행할 때 일어나는 모든 일을 처음부터 끝까지 관장합니다. 저자와 바로 소통하며, 진행 단계마다 교정교열자, 번역자, 디자이너, 감수자, 마케터 등 다양한 사람과 협업합니다. 책 만드는 작업에서 핵심 역할을 하다 보니 책에는 저자의 의지와 색깔보다 편집자의 의지와 색깔이 더 묻어날 때도 있습니다. 저자가 정보와 팩트 체크에 집중한다면 나머지는 모두 편집자 영향 아래 있다고 볼 수 있습니다.

물론 모든 편집자가 이렇게 일하지는 않습니다. 출판 분야에 따라 편집자 역할과 권한이 다르기에 때에 따라서는 단순히 업무 진행만 살피거나 저자를 관리하는 일만 맡기도 합니다. 어쨌든 자연과생태에서는 편집자가 하는 일이 많고 권한이 크며, 이에 동의해 준 저자와 책을 진행합니다. 저자는 오류를 줄이는 데, 편집자는 책을 만드는 데 집중하는 것이 효율 높다는 생각에서입니다.

편집자는 편집권이 큰 만큼 부담도 클 수밖에 없습니다. 설계한 방향대로 끝까지 밀고 나갈 만큼 추진력이 있어야 하고, 사람들이 던지는 온갖 의문에 답하고 의견이 다른 사람을 설득해 낼 수 있을 만큼 자기 방향성에 확신을 가져야 하며 논리도 탄탄해야 합니다. 그러면서도 다른 사람 의견이 합당하다면 기꺼이 수용해 적용할 만큼 사고가 유연해야 합니다.

편집자 방향성에 의문을 제기하는 사람은 주로 편집장이나 대표입니다. 이들은 편집자에게 원고 구성이 합당한가, 독자 분석은 정확하며 타기팅은 적절한가, 다른 도서와 차별점은 확실히 확보했는가, 본문이나 표지 디자인은 적절한가, 처음 설정한 방향성이 여전히 옳다고 생각하는가 같은 질문을 던집니다. 여기서 편집자는 자기 논리를 펴 질문한 이를 이해시키거나 일리 있는 질문이나 제안이라면 수용하기도 합니다.

편집장이나 대표는 편집자가 뭔가를 놓친 듯하거나 너무 자기 논리에 빠져 목적에서 벗어난 듯할 때 문제를 짚고 바로잡고자 질문을 던지기도 하지만, 대부분은 편집자 생각이 여전히 확고한지 확인하려는 의도가 더 큽니다. 책이 나왔을 때 실제 시장 반응이 어떨지 예측하기 어렵기 때문에 확신에 찬 편집자를 보며 안도하고 싶어서입니다. 저자의 확신이 자기 분야나 콘텐츠에서 비롯한 강한 자부심 때문이라면, 편집자의 확신은 첫 독자로서, 기획자로서 분석한 결과라고 보기 때문입니다.

편집자는 책 출간 여부를 따지는 일부터 시작하니 편집자의 판단은 곧 손실이나 이득으로 나타납니다. 도감은 대부분 두꺼운 컬러 책이므로 제작 비용이 많이 들어 웬만한 도감 한 권을 만드는 비용이면 글 위주로 200~300쪽인 흑백 책을 예닐곱 권 낼 수 있습니다. 그러니 편집자는 출간 여부를 결정할 때 무척 신중할 수밖에 없습니다.

한번은 편집자들이 제게 술자리에서는 절대 출간 약속을 하지 말라고 한 적이 있습니다. 술자리에서 만난 사람이 털어놓는 출간 고민을 듣다가 안타까워 "걱정하지 마. 우리가 낼게" 해 버리고 다음날 출근해서는 "시장성이 너무 없는데 이 일을 어쩌냐"며 걱정한 일이 있었기 때문입니다.

사실 제가 편집자들에게 늘 주의하라고 말하던 부분이었는데 말입니다. 게다가 편집자라면 책을 정말 내고 싶은데 회사에서 심하게 반대해 내기 어려울 듯하다며 사과하고 말을 바꿀 수가 있겠지만 편집장이나 대표라면 술김에 이성을 잃었다고 말하는 것말고는 말을 바꿀 핑계거리가 없습니다.

저자가 책을 내고 싶다 하고 편집자가 책을 내겠다고 하는 것은 '내게 투자하시오', '그러겠소'와 같은 말입니다. 친구나 가족이 사업을 하는데 자금을 투자해 달라고 한다면 어떨까요? 무슨 일을 하려는지, 사업성은 있는지, 자금 회수 가능성은 있는지 꼬치꼬치 묻지 않을까요? 그뿐 아니라 투자한 뒤에는 진행은 잘 되는지 성과를 얻고 있는지 늘 관심을 둘 것이 분명합니다. 그러니 책을 내기로 결정할 때도 가치와 가능성을 꼼꼼히 살필 수밖에 없습니다. 그리고 이런 일은 매달 반복됩니다.

편집자 역할 비유로 가장 공감이 가는 말이 있습니다. '편집자는 축구에서 골키퍼와 같다'입니다. 공이 골문을 통과하는 것이 책을 내는 것과 같다면 편집자는 책을 내지 않으려고 끝끝내 막아서야 한다는 말입니다. 끊임없이 책의 흠을 찾고 수정과 보완을 반복하다가 더 이상 조금도 아쉬운 부분을 찾을 수 없을 때 죽을힘을 쓰고도 골을 못 막아 실점하는 골키퍼처럼 책을 내야 한다니, 참으로 준엄하고 부담스러운 일입니다.

이처럼 편집자 업무 범위는 넓고 역할은 중요합니다. 두말할 것도 없이 편집자는 출판사의 핵심 인물입니다. 그런데 아쉽게도 편집자가 한 일은 드러나지 않습니다. 책의 영광은 오로지 저자에게, 성과는 출판사에게 돌아갈 뿐입니다. 말 그대로 숨은 일꾼이며 외로운 전사 같습니다.

도감 디자인 특징

도감 디자인에서 가장 중점을 두는 것은 안정감, 신뢰감, 단순함입니다. 이는 파격, 변화, 불규칙, 꾸밈, 트렌드를 추구하지 않는다는 뜻입니다.

디자이너는 이따금 독자나 쓰임새를 고려하기보다는 새로운 디자인을 추구할 때가 있습니다. 즉 독창성에 무게를 둡니다. 그래서인지 디자인을 시작할 때 책 크기인 판형 변화를 제안하는 일이 많습니다. 그릇 모양을 바꾸는 것이 가장 큰 변화를 줄 수 있는 방법일 테니 그럴 만도 합니다. 그런데 자연과생태에서는 도감을 낼 때 가변 판형보다 규격 판형을 주로 씁니다. 당연히 가로로 길게 제본하는 것도 피합니다. 사람들은 어딘가 교과서 같은 이런 모양에 예스럽다거나 촌스럽다는 반응을 보이기도 합니다. 그러나 책이 예쁘다거나 모양이 신선하다는 반응보다는 책 안에 든 내용이 교과서처럼 수많은 검증을 거쳤으며, 내용을 그대로 믿어도 될 듯하다는 반응을 더 얻고자 합니다.

표지 디자인에서도 기교를 부리지 않으려고 노력합니다. 주제가 무엇인지를 알 수 있는 그림이나 사진을 안정감 있게 놓고 정갈한 서체로 제목을 붙이려 합니다. 책에 담긴 내용이 매우 진지하며 내용을 구성하거나 접근하는 데 신중하고, 우직했다는 인상을 주고 싶어서입니다.

본문 디자인에서는 충실하다는 느낌을 주는 데 가장 신경을 씁니다. 지나치게 가독성이 떨어지지 않는다면 자간이나 행간을 조밀하게 하며, 재단 오차를 감안한 정도에서 사방 여백도 최대한 줄이려고 애씁니다. 이왕이면 정보 한 줄, 사진 한 장이라도 더 넣으려 하고 여백을 남기느니 사진을 더 키웁니다. 그 다음으로 신경 쓰는 것은 단순함입니다. 종 이름과 사진에 집중하도록 눈길을 분산시키는 장식을 가능한 넣지 않으려 합니다.

이처럼 제한이 많은 상태에서 창의력을 발휘하려니 디자이너는 고충이 큽니다. 해 볼 여지가 너무 없다는 불만이 나오기도 합니다. 그러나 이런 방식은 출판사 고집이 아니라 도감을 보는 독자 성향을 반영한 결과입니다. 자연에는 변화무쌍한 속성도 있지만 그것을 압도하는 속성은 항상성입니다. 그래서 자연을 좋아하는 사람들은 대개 '늘 그러한' 것이나 상태를 좋아합니다. 이는 변화를 거부하거나 고지식하거나 보수 성향이라는 뜻이 아니라 지속성과 연속성을 띠며 변화하기를 바란다는 뜻입니다. 디지털보다는 아날로그 성향이라고 하면 더 알맞겠습니다.

독자가 도감을 보는 목적도 뚜렷합니다. 궁금한 종의 이름이나 생태를 알려는 것이므로 정보 습득이 중요합니다. 그래서인지 책에 여백이 보이면 너무 아까워합니다. 이 또한 여백미를 좋아하는 디자이너를 힘들게 합니다.

독자 성향에 맞춰 디자인해야겠다고 생각한 계기가 있습니다. 출판을 시작할 무렵 일입니다. 낚시를 좋아하는 지인과 함께 낚시 잡지를 뒤적이다가 보니 본문 글씨가 예스러운 궁서체 느낌인 데다 큼직하기까지 했습니다. 내내 이유를 궁금해하다가 나중에 우연히 낚시 잡지사에서 일하는 분을 만났을 때 물어봤습니다. 낚시 잡지 독자는 대개 나이

대가 높아 그런 글씨체를 편안하게 여기고, 노안이 온 독자도 많아 글씨체를 크게 한다고 하더군요. 또 한 번은 자연과생태 잡지를 창간했을 무렵 독자이자 필진인 분에게서 전화가 왔습니다. 그 분은 요즘 잡지를 열심히 보고 있는데, 책이 너무 세련되고 빈틈이 없어서 펼칠 때마다 긴장된다고 했습니다. 뒹굴며 편히 보고 싶은데 마치 옷이라도 갖춰 입고 바르게 앉아 봐야 할 듯하다며, 디자인이 조금은 수수하고 털털한 것이 독자를 편하게 하지 않겠냐고 덧붙였습니다. 이 두 일을 겪으며 정말 좋은 디자인이 무엇인지를 많이 생각했습니다.

며칠 전에는 어느 저자에게 본문 pdf를 살펴보라고 보냈더니 글씨가 너무 작지 않느냐며 노안이 와서 잘 못 보겠다고 하더군요. 저도 요즘 글씨가 가물거려 우리 도감을 못 읽는다고, 이러다가 어르신용 큰 글씨 도감을 내야 하는 것 아니냐며 웃었습니다.

시류를 따른 디자인은 그 시기가 지나면 오히려 더 예스러워 보일 때가 있습니다. 조금은 투박해 보이지만 세월이 지나도 물리지 않는 디자인으로 그 안에 담긴 내용 또한 변하지 않으리라는 신뢰를 줄 수 있다면 좋겠습니다. 아울러 좋은 디자인이란 무엇인지도 계속 고민해 봐야겠습니다.

도감 사진 특징

도감에서 사진이 차지하는 비중은 무척 큽니다. 예전에는 당연히 그림으로 도감을 엮는 일이 많았지만 요즘은 사실 묘사에 탁월한 사진을 더 많이 씁니다. 수많은 종을 세밀하게 그리는 작업보다 사진을 찍는 일이 훨씬 수월하고, 비용이 덜 드는 것도 이유입니다. 자연과생태에서 세밀화 도감을 선뜻 만들지 못하는 것도 비용 때문입니다. 그림은 보여주고 싶은 특징을 강조해 드러낼 수 있고, 도해(圖解)가 가능하며, 마음을 편하게 한다는 장점이 있어서 여전히 선호하는 사람이 많습니다.

도감에 쓰는 사진에는 형태와 생태를 설명하는 두 종류가 있습니다. 형태 사진으로는 그 종을 결정짓는 특징, 즉 동정(同定, identification) 포인트가 잘 드러난 사진을 고르며,

가능하다면 다양한 각도에서 찍은 사진을 담아 이모저모 살필 수 있게 합니다. 이따금 눈에 잘 띄지 않는 부위에 동정 포인트가 있는 종이라면 그 부위를 확대해 보여 주기도 합니다. 생태 사진에는 알을 낳거나 돌보거나 먹이를 먹거나 집을 짓는 등 여러 행동이 담겨 있기 마련입니다. 생활 환경과 습성이 드러나는 사진은 많이 보여 줄수록 좋습니다. 그 자체로 중요한 정보이지만 다양한 상상과 예측도 할 수 있기 때문입니다. 혹시 사진에 담긴 행동이 무엇을 뜻하는지 정확히 설명할 수 없더라도 여러 사람이 유추해 볼 수 있도록 싣는 것이 좋습니다.

도감에서 알맞다고 여기는 사진은 사진가가 좋다고 여기는 사진과 다릅니다. 사진가는 영상미나 자기 의도를 잘 나타내는 사진을 좋게 여기겠지만 도감에서는 생물 특징과 생태가 잘 드러난 사진이 중요합니다. 사진가 시각으로 영상미가 뛰어난 생물 사진을 담는다면 그것은 도감이 아니라 화보집이겠지요.

도감에서 사진 상태가 좋으냐 나쁘냐는 나중 문제입니다. 우리나라에서 나오는 새 도감에는 아주 오래전에 찍어 화질이 무척 좋지 않은 크낙새 사진 한 컷이 거듭해서 실립니다. 크낙새는 1990년대 뒤로는 멸종되어 보이지 않아 국내에는 그 사진밖에 없기 때문입니다. 이와 더불어 그림이나 표본 사진을 실을 수도 있지만 비록 화질이 좋지 않더라도 우리나라에 크낙새가 살았다는 증거자료로서 가치가 매우 크기 때문이기도 합니다. 그림자처럼 나타났다가 사라지는 사향노루 사진도 마찬가지입니다.

생태 사진을 촬영하거나 선별할 때 주의할 점은 가능한 연출하지 않은 사진이어야 한다는 점입니다. 혹시 연출했다면 그렇다고 밝혀야 합니다. 형태 사진에서는 종 생김새 위주로 트리밍을 하니 별 문제가 없지만 생태 사진에서는 주변 환경, 시간대, 위치 등이 모두 중요한 정보이기 때문에 연출한 사진이라면 독자가 자칫 오해할 수도 있습니다. 곤충처럼 작은 동물은 사진 찍기 좋은 조건이 드물어 채집한 뒤에 사진 찍을 때가 많습니다. 이럴 때 형태를 샅샅이 살펴 찍는 것은 상관없으나 마치 자연스럽게 눈에 띈 것처럼 보이게 하려고 꽃이나 나무에 올려놓고 찍기도 합니다. 혹시 그리 연출할라치면 종 특성에 맞는 장소에라도 놓고 찍어야 합니다. 예를 들어 쑥을 먹지 않는 종을 쑥 위에, 나무 진을 먹는 종을 꽃 위에, 들판에 사는 종을 숲에, 흐르는 물에 사는 종을 연못가에 두고 찍는다면 보는 사람에게 잘못된 정보를 주는 것이나 다름없습니다.

어느 저자가 겪은 일을 들으면 도감에 실린 사진 한 컷이 얼마나 큰 단서가 되는지 알 수 있습니다. 하늘소에 관심이 많던 이 저자는 어느 날 맨눈으로 하늘소를 찾는 데 한계를 느꼈습니다. 수년 동안 80여 종을 만났으나 그 뒤로는 좀처럼 새로운 종을 만나지 못했습니다. 우리나라에 250여 종이 기록되어 있는데 만나는 종이 늘지 않아 답답하던 차에 외국 하늘소 도감에서 흥미로운 사진을 봤습니다. 나무를 잔뜩 쌓아 놓은 벌채목장에서 한 사람이 커다란 포충망을 들고 서 있는 장면이었습니다. 그는 벌채목을 쌓아 놓은 곳에 하늘소가 많은가 보다 생각하며 전국에서 벌채한 나무가 모이는 강원도 한 마을의 숯가마를 찾아갔고, 며칠새 그곳에서 하늘소 80여 종을 만났습니다. 수년간 만난 종수를 며칠 만에 채웠으며 처음 보는 종도 많았습니다.

그는 벌채목장에 하늘소가 많은 까닭을 두 가지로 추

측했습니다. 첫째는 알이나 애벌레가 든 나무가 그대로 잘려 한곳에 모였고, 그 속에서 날개돋이한 어른벌레가 우르르 나왔으리라, 둘째는 벌채목장 주변에 있던 하늘소가 알 낳을 곳을 찾다가 나무가 많이 쌓인 곳으로 몰려왔으리라고 말입니다. 그는 골똘히 생각한 끝에 겨울에 하늘소가 알 낳은 나뭇가지를 잘라 보관하면 거기서 하늘소가 나오리라 예상하고 하늘소 산란 흔적이 있는 나뭇가지를 잘라 겨우내 보관했습니다. 아니나 다를까 봄이 되자 하늘소가 몰려나왔습니다. 그러면서 그가 새로이 만난 종은 또 급격히 늘었습니다. 이처럼 사진 한 컷에 담긴 내용이 어떻게 활용될지 모르니 도감에 실을 사진은 신중하게 골라야 합니다.

오래전 새 도감을 펴냈을 때 어느 독자가 건넨 조언도 인상 깊었습니다. 그 도감에서는 새 전체 모습을 알 수 있도록 물새도 물 밖에 서 있는 사진을 실었습니다. 그런데 그 독자가 물새 배나 다리를 볼 수 있어 좋기는 하지만 정작 현장에서 보면 물새는 대부분 물 위에 둥둥 떠 있을 때가 많다며, 그 모습도 곁들였다면 더 좋았겠다고 말했습니다. 그 뒤로 도감에 실을 사진을 고를 때마다 그 말을 떠올리며 현장감 있는 사진을 고르려고 노력합니다.

시리즈가 많은 까닭

자연과생태 도감에는 왜 시리즈가 많냐는 질문을 자주 받습니다. 반 농담이었지만 새롭게 디자인하는 일이 번거로워 쉽게 가려는 것 아니냐는 말도 들었습니다. 편집부 안에서도 도감마다 개성 있게 만들면 어떻겠냐는 의견이 나오기도 합니다.

도감을 주로 시리즈로 발행하는 데는 세 가지 이유가 있습니다. 첫 번째는 독자가 자기 수준에 맞는 도감을 쉽게 고를 수 있기를 바라서입니다. 이제 막 생물 관찰에 첫발을 내디딘 사람도 있고, 수십 년 경험을 쌓은 사람도 있을 테니 서로 생물을 바라보는 눈높이가 다를 수밖에 없습니다. 그래서 전문성이나 친절함 정도, 활용도에 따라 시리즈를 나눴으니 독자마다 자기에게 맞는 책을 골라 보라는 의도입니다.

한번은 어느 독자가 편집부로 전화를 걸어 왔습니다. 큰 실수를 했는데 어쩌면 좋겠냐면서요. 나비를 무척 좋아하는 독자로, 인터넷 서점에서 『한반도의 나비』라는 책이 보이기에 나비 도감이 새로 나왔나 보다 싶어 주문했는데 막상 책을 열어 보니 무슨 말을 쓴 건지 한 줄도 읽지 못하겠더라고 했습니다. "8만 원이나 하는 책이라 무척 기대하며 기다렸는데 사진은 한 장도 없고 책도 흑백이고 왜 이래요?"라는 말도 덧붙였습니다. 설명과 위로를 해 주고 함께 웃기도 한 뒤 환불해 주었습니다. 그 책은 '아카데믹 시리즈' 가운데 하나입니다. 1939년 뒤로 남북한에서 나온 나비 논문과 책 400여 편을 분석, 정리한 각 종의 족보라고 볼 수 있어 연구사 측면에서는 대단한 책입니다. 그러나 분류학을 공부하는 사람이 참고할 내용이지 나비에 막 흥미를 느낀 독자가 볼 내용은 아닙니다. 게다가 종의 역사를 기술하는 방법을 모르면 한 줄도 읽어 내려갈 수 없습니다. 이런 일이 의외로 많아 눈높이에 맞게 시리즈를 나누면 독자가 책을 선택하는 데 도움이 되리라 생각했습니다. 참고로 독자를 당황하게 했던 『한반도의 나비』 본문 일부를 소개합니다.

Subfamily **COELIADINAE** Evans, 1897 수리팔랑나비아과

Genus *Bibasis* Moore, [1881]

Bibasis Moore, [1881]; *Lepid. Ceylon*, 1(4): 160. TS: *Goniloba sena* Moore.

= *Ismene* Swainson, [1820]; *Zool. Illustr.*, (1)1: pl. 16 (preocc. Ismene Savigny, 1816). TS: *Ismene oedipodea* Swainson.

= *Burara* Swinhoe, 1893; *Trans. ent. Soc. Lond.*, 1893: 329. TS: *Ismene vasutana* Moore.

1. *Bibasis aquilina* (Speyer, 1879) 독수리팔랑나비

Ismene aquilina Speyer, 1879; *Stett. ent. Ztg.*, 40: 346. TL: Vladivostok and Askold Island, Ussuri Bay (Russia).

Ismene acquilina: Matsumura, 1919: 32; Mori & Cho, 1938: 90 (Loc. Korea).

Burara aquilina: Esaki, 1939: 217 (Loc. Korea); Seok, 1939: 323; Seok, 1947: 9.

Bibasis aquilina: Kim & Mi, 1956: 392, 403; Cho, 1959: 78; Kim, 1960: 267; Ko, 1969: 188; Lee, 1973: 1; Lewis, 1974; Kim, 1976: 6; Lee, 1982: 93; Im (N.Korea), 1987: 43; Ju & Im (N.Korea), 1987: 209; Shin, 1989: 211; Shin, 1990: 163; Kim & Hong, 1991: 399; ESK & KSAE, 1994: 382; Chou Io (Ed.), 1994: 693; Tuzov *et al.*, 1997; Joo *et al.*, 1997: 341; Park & Kim, 1997: 324; Kim, 2002: 240; Lee, 2005a: 23.

Distribution. Korea, South Primorye, Japan, NE.China.

First reported from Korean peninsula. Matsumura, 1919; *Thous. Ins. Jap.*, 3: 32 (Loc. Korea).

North Korean name. 독수리희롱나비(임홍안, 1987; 주동률과 임홍안, 1987: 209).

Host plant. Korea: 두릅나무과(음나무)(손정달, 1984). Russia: 두릅나무과(음나무(*Kalopanax septemlobus*)(Tuzov *et al.*, 1997).

Remarks. 아종으로는 *B. a. chrysaeglia* (Butler, [1882]) (Loc. Japan), *B. a. siola* Evans (Loc. China)의 2종이 알려졌다(Chou Io (Ed.), 1994: 693). 현재의 국명은 석주명(1947: 9)에 의한 것이다.

아카데믹 시리즈. 연구자가 보기에 적당한 시리즈입니다.

두 번째는 저자를 고려해서입니다. 도감 내용에 따라 다른 모양을 짤 수도 있지만 어떻게 준비하면 좋을지 막막해하는 저자가 의외로 많습니다. 그래서 도감을 펴내기에 앞서 저자가 가장 바라는 것은 책 샘플입니다. 시리즈라면 책 스타일이나 구성을 살펴 자기 자료를 담기에 적합한 모양을 선택하거나 활용할 수 있으며, 내용 수위도 조절할 수 있습니다. 이처럼 저자가 막막함이나 두려움을 느끼지 않도록 하는 데 시리즈가 도움이 되리라 생각했습니다. 실제

한국 생물 목록 시리즈. 전문가 또는 준전문가가 보면 적당한 시리즈입니다.

로 요즘은 출간을 의뢰하며 어느 시리즈를 참고해 준비하고 있다든가 어느 시리즈로 내고 싶다고 먼저 말하는 저자가 많습니다.

세 번째는 시장성 없는 도감도 자생할 수 있기를 바라서입니다. '한국 생물 목록 시리즈'를 예로 들면 60여 권을 계획했고 25권까지 나왔으며(2018년 7월 기준), 아마도 계획을 넘어 60권 이상 나오리라 생각합니다. 이 가운데는 인기가 많은 도감도 있고 독자가 거의 없는 도감도 있습니다.

독자층이 얇은 분야 도감이 따로 나오면 자생력이 없을 것이 분명합니다. 그런데 시리즈에 속한다면 독자든 소장가든 시리즈 이빨이 빠지는 것을 못마땅해하는 성향이 많아 시리즈 움직임에 힘입어 조금이나마 알려질 수 있겠지요.

판매 측면에서도 시리즈 새 책이 나오면 시리즈 안에 있는 과거 책을 소환하는 매력이 있습니다. 우연히 60번째 책을 본 독자가 이 시리즈에는 어떤 도감이 있는지 1권부터 살펴볼 가능성이 크기 때문입니다. 즉 뒤에 나오는 책이 앞에 나온 책을 알리고, 앞에 나온 책이 뒤에 나오는 책을 이끌 수 있습니다.

시리즈로 도감을 내는 이로움이 있지만 시리즈 하나를 새로이 만드는 일은 쉽지 않습니다. 주로 독자 눈높이와 활용도를 고려하지만, 다른 출판사 도감과 뚜렷하게 달라야 하기 때문입니다. 남의 기획을 베껴 쓸 수는 없는 노릇이지요.

'한눈에 알아보는 우리 생물 시리즈'를 예로 시리즈 기획 과정을 살펴보겠습니다. 화살표로 동정 포인트를 짚어주는 포켓용 도감 시리즈로 기획하는 데 집중적으로는 6개월, 전체적으로는 2년이 걸렸습니다.

포켓용 도감은 크기가 작아 많은 종을 담을 수는 없지만 반대로 핵심 종만 추려 담아 현장에서 바로바로 종을 찾아보기에 알맞습니다. 초보자에게 적당한 도감 형태이며 당연히 시장도 넓습니다. 그래서 자연과생태에서도 줄곧 포켓용 도감을 만들고 싶었는데 몇 가지 걸림돌이 있었습니다.

가장 큰 걸림돌은 도의적인 문제였습니다. 잡지만 내던 시절에 몇몇 출판사 의뢰를 받아 포켓용 도감 시리즈를 기획해 만들어 준 적이 있었기에 콘셉트가 겹쳐 낼 수가 없어서였습니다. 편집 회의에서 이 정도 세월이 흘렀으면 내도 되지 않겠냐와 그래도 좀 더 시간이 흘러야 하지 않겠냐는 의견이 늘 오갔습니다. 그러다가 10년을 채우면 우리도 포켓용 도감을 내기로 합의하고 준비하기로 했습니다.

크기만 작게 한다고 포켓용 도감이라 할 수는 없습니다. 구성에도 차이를 두어야 하는데 도무지 실마리가 풀리지 않았습니다. 국내외 포켓용 도감을 두루 살피며 어디에도 없던 구성이 가능할까를 끊임없이 궁리했습니다. 오래도록 고민해도 새로운 구상이 떠오르지 않아 힘들어하던 차에 당시 한창 유행하던 '카드 뉴스'에서 핵심 아이디어를 얻었습니다. 카드 뉴스는 뉴스 핵심을 사진과 함께 보여 주며 사람들 시선을 잡은 다음 심층 내용으로 끌어들이거나 글보다 영상에 익숙한 사람들에게 뉴스를 전달하는 데 효과가 높은 방식입니다.

이를 바탕으로 작은 책에 사진을 크게 쓰고 글을 적게 넣기로 큰 틀을 정했지만 이것으로 끝이 아니었습니다. 도감 기본 구성 요소를 책에 어떻게 녹일까도 문제였습니다. 우선 자연과생태에서 낸 도감과 다른 곳에서 낸 도감에서 공통점을 살폈습니다. 가장 눈에 띈 패턴은 용어 설명을 수록하는 것과 종마다 형태와 생태로 나눠 설명하는 방식이었습니다. 용어 설명을 수록하는 까닭은 각 종을 설명하는 곳마다 용어를 쉽게 풀어 쓰려면 내용이 너무 길어지기 때문에 번거롭더라도 이 정도 용어는 외우고서 책을 보기를 바란다는 뜻에서입니다. 그리고 형태와 생태 설명은 당연히 뺄 수 없는 내용이었습니다. 차별성 있는 포켓용 도감을 내려면 분명히 이 부분에서 해결책을 찾아야 할 텐데 방안을 찾지 못해 또다시 고민에 빠졌습니다.

여러 도감을 뒤적이다 접어 두고 토론하다가 맥없이 흩어지기를 반복하던 어느 날, 종별 생태 설명이 반복된다는 점을 발견했습니다. 도감은 순서대로 쭉 읽기보다는 궁금한 부분을 찾아보는 책이어서 독자가 어떤 종을 찾았을 때 그 안에서 모든 내용을 알 수 있도록 해야 한다는 철칙 같은 것이 있습니다. 예컨대 사슴벌레 종류는 대개 낮에는 땅속이나 돌 틈, 나무 틈바구니 같은 곳에 숨어 있다가 밤이 되면 기어 나와 나무진에 모이고, 애벌레 때는 썩어 가는 나무속에서 지내는 습성이 있습니다. 그러다 보니 넓적사슴벌레, 톱사슴벌레, 애사슴벌레 등 여러 사슴벌레 생태 설명에서 같은 내용이 반복되었습니다. 이를 보고 생물 분류 단계에서 과별로 공통 습성을 묶어 따로 뺐더니 각 종에서 생태 설명 분량이 눈에 띄게 줄었습니다.

남은 것은 형태 설명이었는데 이는 도감 글에서 가장 중요한 요소이고 종을 결정짓는 특징이라 뺄 수가 없었습니다. 용어 설명도 형태 설명 때문에 필요했습니다. 이 둘을 동시에 해결할 방법을 찾다가 화살표를 떠올렸습니다.

예를 들면 화살표로 큰턱을 짚으며 '큰턱은 안쪽으로 휘었고 돌기가 3개 있다'라고 설명하면 '아! 여기가 큰턱이구나' 하며 저절로 알 수 있습니다. 본문을 크게 생태 설명과 형태 설명 코너로 나누고, 종을 나열하며 형태를 설명하는 코너에서는 사진을 크게 넣고 화살표로 짚어 설명하니 직관적으로 종을 알아볼 수 있어 무척 편했습니다. 동정부터 하고 싶은 사람은 형태 코너에서 내용을 찾고, 그 무리 생태

한눈에 알아보는 우리 생물 시리즈. 사람들 입에 '화살표 도감'이라고 오르내리기를 바라며 만든 대중용 도감입니다.

를 알고 싶은 사람은 생태 코너를 살피면 되니 용도에 따라 이용하기도 편했습니다.

끝으로 남은 문제는 시리즈 이름이었습니다. 시리즈 특징을 또렷이 드러내기에는 '한눈에 알아보는 우리 생물'이라는 이름이 가장 알맞았으나 어딘지 낡은 느낌이고 길어서 입에 잘 붙지도 않았습니다. 짧고 뚜렷한 한마디로 이 시리즈가 지닌 특징을 바로 알아차릴 만한 말이 있으면 좋겠어서 다시금 고민한 끝에 시리즈명을 작게 나타내고 '화살표'라는 말을 제목 앞에 붙였습니다. 그랬더니 이제는 많은 분이 이 시리즈를 자연스럽게 '화살표 도감'이라고 합니다.

출판사나 편집자는 저자가 가진 알찬 자료를 잘 담을 수 있는 구성, 독자가 그런 자료를 편하게 볼 수 있는 구성, 그러면서도 새롭고 산뜻한 구성을 개발하려고 꾸준히 애씁니다. 이것으로써 저자와 독자가 자기 출판사와 책을 선택하기를 바라서입니다.

저자 찾기

책을 내고 싶어 하는 사람 가운데는 출판사에 전화를 하거나 메일을 보내 문의하는 사람이 많습니다. 교양서나 에세이 종류라면 보통 원고를 어느 정도 완성한 뒤에 문의하지만 도감은 그런 때도 있고 그렇지 않은 때도 있습니다. 도감을 준비하는 것이 워낙 고된 작업이다 보니 출간 의사가 있는지를 먼저 문의하는 사람이 많습니다.

도감 출간 문의를 받으면 자연과생태에서는 많은 질문을 합니다. 어느 분류군인지, 그 분야 연구 현황은 어떤지, 국내에 기록된 종은 몇 종이고 도감으로 엮을 때 몇 종을 다룰 수 있는지, 사진은 충분히 확보했는지, 작업은 어느 정도 진행했는지 등입니다. 정작 그 도감을 왜 내려는지, 필요로 하는 독자층이 있는지, 시장 규모는 어떤지 같은 내용은 묻지 않습니다. 시장 규모나 요구는 웬만큼 파악하고 있거니와 시장이 거의 없는 분야도 많아 의미 없는 질문일 때가 많기 때문입니다.

자연과생태에서는 아직까지 우리나라에서 도감이 나온 적이 없는 분야 도감을 내려 하는 사람이 있으면 시장성을 따지지 않고 내기로 원칙을 세웠습니다. 그런 이유로 요즘 들어 가장 반가웠던 출간 문의는 '지렁이 도감'이었습니다. 우리나라에 지렁이 연구자는 한 사람 있는 것으로 아는데 바로 그 분에게서 전화가 왔습니다. 정말 반가웠고 출간 결정은 물론이고 원고 작업에 도움을 주려고 많은 이야기를 나눴습니다.

이미 여러 도감이 나온 분야라면 기존 도감과 어떤 차별점이 있고 이 도감이 왜 더 쓸모 있는지에 초점을 맞춰 출간 여부를 생각합니다. 내용을 풀어 가는 방식이 독특하고 경쟁력이 있다면 호감을 갖습니다. 또한 이미 자연과생태에서 나온 도감과 같은 분야, 비슷한 콘셉트로 도감을 내고 싶다 할 때도 적극 검토합니다. 분류 도감이라면 독자에게 견해가 다른 여러 저자의 도감을 견주고, 누구 견해를 더 존중할지 판단할 기회를 주고 싶어서입니다. 그리고 생태 도감이라면 저자마다 경험하고 확보하고 해석한 자료가 다르기 때문입니다.

출판사에서 저자를 찾는 일도 끊임없습니다. 자료가 너무 부족한 분야가 있으면 어디에서 누가 그 분야를 연구하는지 수소문하기도 하고, 혹시 그 분야를 공부하는 학생이 있다면 자료를 정리해 학위를 받을 때까지 몇 년이 걸리더라도 기다립니다. 이따금 어느 분야에 관심이 많은 어린 친구가 어른이 되고, 그 분야를 전공하고, 유학을 끝내고 돌아올 때까지도 관심을 끊지 않고 연락하며 기다리기도 합니다. 대부분 이런 일은 분류학일 때가 많습니다.

생태 관찰에 집중하는 사람은 전국 각지에 흩어져 있어서 쉽게 찾을 수가 없습니다. 그래서 귀동냥으로 정보를 얻을 때가 많습니다. 다양한 커뮤니티에 참여해 어디에 사는 누가 어떤 종 생태를 열심히 관찰한다더라 같은 이야기를 유심히 듣습니다. 이때 가장 중요하게 여기는 점은 주변 사람들 평가로, 특히 현장 경험이 많고 생태를 관찰하는 데 상당한 고수이거나 성실하기로 정평이 난 사람이 하는 말이라면 더욱 호감을 갖습니다. 비슷한 사람끼리는 서로 잘 알아보기 마련이니까요.

내용보다는 기획에 차별점을 두고 새로운 형식을 구상할 때는 기존 도감 저자 가운데서 도감 콘셉트를 유지하며 자료를 충실히 채워 줄 수 있는 사람을 찾습니다. 도감을 낼 만큼 자료를 확보한 저자라면 있던 자료를 재구성하면 되니 대부분 이런 작업을 수월하게 여깁니다.

이처럼 저자를 찾거나 만나 출간을 결정하기까지 여러 상황이 있지만 어떤 때이든 가장 중요하게 살피는 점은 현장성, 즉 책상머리 저자인지 현장 조사를 놓지 않은 저자인지를 알아봅니다. 책상머리 저자라면 논문을 내기에는 좋을지 몰라도 도감 저자로는 적합하지 않습니다. 실제로 보고 겪은 살아있는 정보를 생산하는 저자라야 흥미로운 이야기를 풍성하게 들려줄 수 있습니다. 특히 대학 교수나 연구직 공무원은 현장에 나간 지 너무 오래되어선지 자료가 빈약할 때가 많습니다. 그도 그럴 것이 온갖 행정 업무에 시달리고 사업을 따오거나 관리해야 하며, 여러 실적을 강요받는 현실에서 현장 연구를 병행하기란 어려울 수밖에 없습니다.

편집자가 제출하는 기획안을 보면 어떤 교수에게 책을 의뢰하면 좋겠다는 의견이 많습니다. 앞서 낸 책이나 전공, 직위 같은 객관적인 이력을 살피기 때문이며, 그래야 안전하다고 생각합니다. 사실 어떤 분야에 깊숙이 발을 들여놓지 않으면 누가 진국인지를 알기 어렵습니다. 그래서 편집자도 현장을 알고자 많은 사람과 교류해야 하며, 객관적인 이력보다는 저자가 보낸 내용만을 판단해 출간을 결정해야 합니다. 자연과생태 특징 가운데 하나는 저자 이력을 잘 보지 않는 점입니다. 본문 편집이 거의 끝나갈 무렵 표지 작업을 할 때야 저자 소개글을 보내 달라고 합니다. 그때서야 저자가 살아온 길이 어땠는지를 조금 알며, 어떻다 하더라도 신경 쓰지 않습니다. 책 내용만이 중요할 뿐입니다.

한번은 새로운 도감을 냈을 때 어느 신문사에서 저자를 인터뷰하고 싶다며 연락이 왔습니다. 책에 있는 저자 소개만으로는 저자를 알 수 있는 정보가 너무 적어서였습니다. 그럴 만도 한 것이 저자에게 소개글을 보내 달라 했더니 마치 밀란 쿤데라가 "체코에서 나서 파리에서 살고 있다"라고

했듯이 '어디에서 나서 어디에 살고 있다'라고만 보내왔습니다. 저자 소개가 한 줄도 채 안 되었기에 그나마도 나이와 자란 곳을 물어 '몇 년도에 어디에서 나고 어디에서 자라다가 지금은 어디에 살고 있다'라고 조금 늘려 실은 터였습니다. 기자에게 우리도 아는 것이라고는 그게 전부라고 했더니 "어떻게 저자 검증도 안하고 책을 낼 수 있어요?"라며 무척 어이없어했습니다. 그러나 무슨 상관인가요? 해당 분야에서는 그가 가장 좋은 정보를 갖고 있었는데. 당연히 나이도 상관없습니다. 2017년에는 20살 대학교 1학년 학생과도 즐겁게 작업했습니다.

자연과생태 초기에 전문위원 한 분이 우려 섞인 목소리로 요즘 내는 책을 보니 전혀 안 팔릴 듯한데 운영하는 데는 지장이 없냐고 물었습니다. 그때 어차피 멀리 보고 시작한 일이라 당장 성과를 바라지 않으며, 첫 5년은 독자보다 저자에게 공을 들이는 기간으로 삼았다고 말했습니다. 출판사로서 독자 요구에 귀 기울이는 것이 당연했지만 그보다는 먼저 도감을 내고 싶은 사람들에게 생물 분야에서도 자료만 좋다면 출판할 길이 있다는 확신을 주고 싶었습니다. 다양한 저자와 정보가 쌓이면 그때부터는 독자를 먼저 고려한 도감을 만들겠다는 생각이기도 했습니다.

출판 계약

출판사와 저자가 합의해 책을 내기로 했다면 당연히 계약을 합니다. 출판 계약에서는 저자가 있어야 책을 만들어 판매할 수 있다는 것을 전제로 출판사가 저자에게서 권한을 위임받아 저자의 지적재산권을 보호하는 것이 핵심입니다. 그래서 출판 계약서에는 저자를 '갑'으로 표시하며, 지적재산의 원천인 저자가 행사할 수 있는 권한과 보호받을 수 있는 항목이 많습니다. 그러나 실제 출판 시장에서도 이리 적용되는지는 의문입니다. 저자가 책을 내려고 여러 출판사 문을 두드리고 출판사가 그 가운데서 저자를 선별하는 일이 많기 때문입니다. 이런 일은 출판사와 서점 관계에서도 마찬가지입니다. 책이 있어야 판매를 하니 계약서에는 출판사를 '갑'으로 명시하지만, 실제로는 출판사가 서점에 달려가 책을 받아 달라고 부탁하는 일이 많습니다. 물론 영향력에 따라 힘의 균형은 바뀌기도 합니다.

그러므로 어떤 분야든 책을 쓰려 한다면 출판권 설정과 지적재산권 지키는 방법을 알고자 계약서를 한번쯤 살펴보는 것이 좋습니다. 한국출판문화산업진흥원 누리집에 가면 다양한 출판 분야 표준계약서와 공정한 계약 내용을 친절하게 설명해 주는 동영상을 볼 수 있습니다.

참고로 자연과생태는 계약서를 작성해야 동기가 부여된다거나 마감 기일을 명확히 정해야 압박을 느껴 원고에 집중할 수 있다는 저자와는 서둘러 계약서를 쓰지만, 대부분은 계약을 서두르지 않습니다. 물론 인세율 같은 핵심 계약 조건은 미리 이야기해 두지만 대개 계약서는 본문 초벌 디자인이 나오면 그때 함께 보내는 일이 많으며, 심지어는 책이 나올 무렵에 보내기도 합니다. 계약하고 마감 기일을 정해도 좀처럼 지켜지지 않기 때문입니다.

도감에서는 종수와 더불어 생활환을 보여 주는 사진이 중요합니다. 그러다 보니 저자는 원고를 쓰다가 또는 이미 책 편집을 시작했는데도 새로운 종을 발견하면 계속 넣으려 합니다. 또 도감에 싣기에 못마땅한 사진도 보완하려 합니다. 그 장면을 찍으려면 이듬해 봄이라든가 가을이 될 때까지 기다려야 하며, 촬영에 성공한다는 보장도 없는데 말이지요. 그래서 '거의 다 되었습니다. 내년에 사진 한 컷만 찍으면 끝나요'라면서 5~6년 넘도록 보완만 하는 저자가 많습니다. 당연히 자연과생태도 그런 부분을 이해하고 마냥 기다립니다. 마감 기일이 의미 없는 까닭입니다.

계약서에는 여러 가지 내용을 명시하지만 핵심은 '인세'일 듯합니다. 인세는 저작권을 사용한 대가로 출판사가 저자에게 주는 돈입니다. 보통 정가에서 일정 비율로 설정하며 인세율×제작 부수로 금액을 결정합니다. 자연과생태는 도감일 때 인세 8%로 계약합니다. 예를 들어 1만 원짜리 책을 2,000부 찍으면 책 한 권당 인세는 800원이며 2,000부를 곱한 160만 원을 저자에게 인세로 지불합니다.

이를 바탕으로 출판사 손익도 한번 살펴보겠습니다. 출판사는 보통 서점에 도매가인 정가 65%로 책을 공급하니 2,000부를 모두 판다면 1,300만 원을 법니다. 그러나 여기에서 편집, 디자인, 제작, 홍보, 물류 등 제반 비용 1,200만

원쯤을 빼고 나면 100만원이 남고, 저자에게 인세 160만 원을 지불하면 수익은 마이너스 60만 원입니다. 여기에 투자한 시간까지 생각하면 어림이지만 초판 1쇄를 모두 팔더라도 출판사는 손실을 보는 셈입니다. 다행히 1쇄가 모두 팔려 2쇄를 다시 2,000부 제작하고 이것까지 다 팔린다면 출판사는 편집, 디자인 같은 비용이 들지 않아 수익을 낼 수 있습니다. 편집이나 디자인에 들었던 비용이 대략 600만 원이라고 하면 2쇄 소진 때 출판사 수익은 540만 원이 됩니다. 이는 출판사에게 본전이며 이어서 쇄를 거듭하면 그만큼이 수익이 됩니다. 즉 책이 많이 팔린다면 저자보다 출판사 이득이 커지는 구조입니다.

그러나 실제로는 계산이 이처럼 단순하지 않을 때가 많습니다. 투자한 시간과 비용, 편집 난이도, 쪽수, 크기, 제본 방법, 가격, 쇄당 발행 부수, 마케팅 방법 등 변수가 많고 로열티와 번역료까지 드는 책이라면 계산은 더 복잡해집니다.

원고 준비

도감을 내기로 계약하고 원고를 준비할 때 저자가 꼭 알아두었으면 하는 점이 있습니다.

- 글과 사진을 분리한다. 모든 글은 한글 파일에, 사진은 폴더 하나에 모아 담는다.
- 사진에는 번호가 겹치지 않게 일련번호를 붙이고, 한글 파일에는 사진이 들어갈 위치에 해당 사진 번호를 기입하고 설명을 달되 직접 사진을 끼워 넣지 않는다.
- 사진은 가능한 보정이나 트리밍을 하지 않은 원본을 넘긴다.
- 최종에 한글 파일 하나와 사진 폴더 하나만 보낸다.

언뜻 그리 중요하지 않은 내용처럼 보이지만 이런 방식으로 원고를 주지 않으면 편집자는 오랜 시간 막노동 같은 일을 해야 합니다. 그만큼 출간도 더뎌질 수밖에 없습니다.

그래서 원고를 준비하기에 앞서 늘 저자에게도 같은 이야기를 합니다.

도감 저자 가운데는 조사 보고서를 쓰는 일이 일상인 사람이 많아서인지 한글 파일에 글과 사진을 함께 정리해 아예 틀을 만들어 보낼 때가 많습니다. 이렇게 하면 편집자 일을 덜어 준다고 생각하는 듯합니다. 디자인 편집기로 원고를 열면 모든 설정이 해제되어 컴퓨터 메모장처럼 텍스트만 남는다는 점을 몰라서겠지요. 이처럼 저자가 편집해

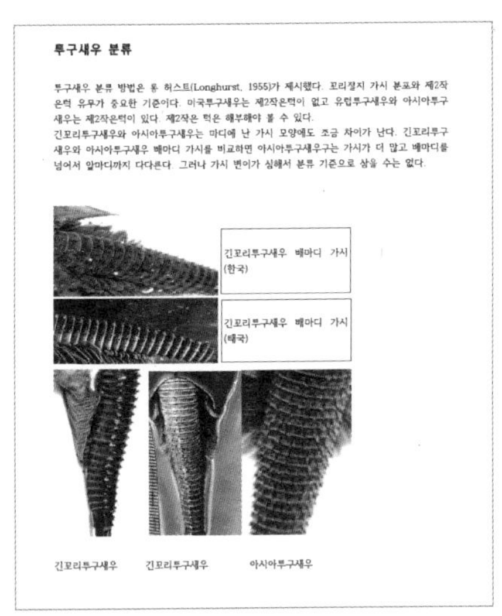
투구새우 분류

투구새우 분류 방법은 롱 허스트(Longhurst, 1955)가 제시했다. 꼬리절지 가시 분포와 제2작은턱 유무가 중요한 기준이다. 미국투구새우는 제2작은턱이 없고 유럽투구새우와 아시아투구새우는 제2작은턱이 있다. 제2작은 턱은 해부해야 볼 수 있다.
긴꼬리투구새우와 아시아투구새우는 마디에 난 가시 모양에도 조금 차이가 난다. 긴꼬리투구새우와 아시아투구새우 배마디 가시를 비교하면 아시아투구새우구는 가시가 더 많고 배마디를 넘어서 알마디까지 다다른다. 그러나 가시 변이가 심해서 분류 기준으로 삼을 수는 없다.

원고에 사진을 붙여서 보내온 모양

서 원고를 보내면 편집자는 한글 파일에 붙은 사진을 일일이 따로 떼어 저장하고 글만 남도록 원고를 정리해야 합니다. 도감이라 사진이 수천 장씩 될 때도 많으니 이는 한글 파일에 사진을 붙인 저자에게나 그걸 또 떼어야 하는 편집자에게나 막노동이기는 마찬가지입니다. 예시로 실은 왼쪽 사진처럼 원고를 보내올 때가 많은데 이러기보다는 아래 글상자처럼 사진에 번호를 붙인 뒤에 그 사진이 들어갈 자리에 번호만 적어 주는 것이 좋습니다.

투구새우 분류

투구새우 분류 방법은 롱 허스트(Longhurst, 1955)가 제시했다. 꼬리절지 가시 분포와 제2작은턱 유무가 중요한 기준이다. 미국투구새우는 제2작은턱이 없고 유럽투구새우와 아시아투구새우는 제2작은턱이 있다. 제2작은턱은 해부해야 볼 수 있다.
긴꼬리투구새우와 아시아투구새우는 마디에 난 가시 모양에도 조금 차이가 난다. 긴꼬리투구새우와 아시아투구새우 배마디 가시를 비교하면 아시아투구새우는 가시가 더 많고 배마디를 넘어서 앞마디까지 다다른다. 그러나 가시 변이가 심해서 분류 기준으로 삼을 수는 없다.

1-1 긴꼬리투구새우 배마디 가시(한국)
1-2 긴꼬리투구새우 배마디 가시(태국)
1-3~4 긴꼬리투구새우
1-5 아시아투구새우

이보다 더한 일은 작성한 글을 엑셀 파일로 보내올 때입니다. 아마도 엑셀이 데이터를 모으고 정렬하기에 더 편해서 그리하겠지요. 그러나 편집자는 한글 프로그램으로 원고를 포맷팅하고 교정교열을 보기에 엑셀 데이터를 한글 파일로 일일이 옮겨야 하는데 매끄럽게 호환되지 않아 난처할 때가 많습니다.

이처럼 재작업을 해야 하는 원고를 받으면 저자에게 돌려보내도 되지만 어차피 누군가는 막노동을 해야 한다면 편집자가 하는 것이 빠르리라 생각하며 편집부에서 손을 댈 때가 많습니다. 참고로 도감 원고가 아니라면 어떤 프로그램으로 작업해도 크게 상관이 없습니다.

저자가 원고를 편집해서 보내면 사진에도 문제가 있습니다. 원고에서 사진을 떼어 보면 용량이 너무 작고, 종 중심으로 바싹 잘려 있습니다. 아마 원고를 정리할 때 사진을 원본 그대로 붙이면 용량이 커서 컴퓨터가 버벅거리니 용량을 줄이고, 사진에서 중요한 부분만 남기고 나머지는 최대한으로 잘라냈겠지요.

저자가 보내오는 사진은 대부분 해상도가 72dpi입니다. 이를 인쇄용인 300dpi로 바꾸면 사진 크기가 1/4로 줄어듭니다. 72dpi일 때 긴 축이 30cm이면 300dpi에서는 7~8cm

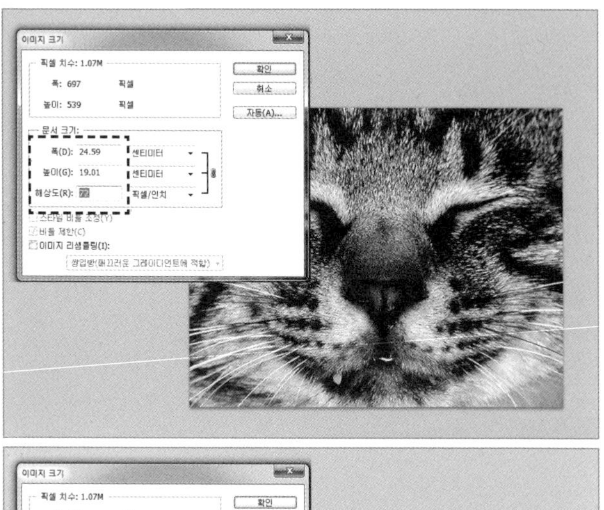

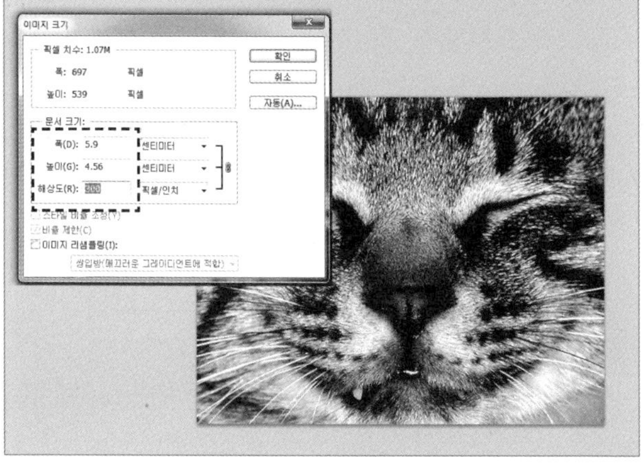

72dpi일 때는 긴 축을 25cm까지 쓸 수 있으나 300dpi일 때는 6cm 정도로만 쓸 수 있습니다. 화면에서는 커 보여도 인쇄용으로 바꾸면 매우 작아진다는 점을 생각해야 합니다.

로 줄어듭니다. 그러니 한글 파일에 5cm쯤으로 잘라 붙인 사진을 인쇄용으로 바꾸면 1cm가 겨우 넘습니다. 한마디로 사진을 쓸 수 없습니다. 이것은 컴퓨터 모니터가 보여주는 점(dot) 방식과 오프셋 인쇄에서 쓰는 층(layer) 방식 차이에서 생기는 문제인데 저자가 이런 부분까지 알 수는 없겠지요.

사진에서 또 다른 문제는 보정입니다. 저자가 사진을 이리저리 보정하는 일이 많은데 두 가지 점에서 그러지 않기를 바랍니다. 첫째, 책은 낱장으로 인쇄해 제본하지 않으므로 전체 사진 톤을 일정하게 맞춰야 합니다. 저자가 도감에 들어가는 모든 사진 톤을 아우르며 고르게 보정하기란 쉽지 않습니다. 둘째, 인쇄할 때는 사진을 RGB 모드가 아닌 CMYK 모드로 바꿔야 합니다. 우리가 모니터로 보는 이미지는 뒤에서 빛의 3원색인 빨강(R), 초록(G), 파랑(B)을 비추어 구현하는 가산혼색이고, 인쇄로 나오는 이미지는 색의 3원색인 시안(C), 마젠타(M), 노랑(Y)과 검정(K)을 본래 색에서 분리해 구현하는 감산혼색입니다. 사진이나 TV, 컴퓨터는 점으로 색을 구현하지만 책 같은 인쇄물은 이와 달리 몇몇 색깔 층을 겹쳐 색을 보여 줍니다. 그러므로 저자가 CMYK 모드 색감 변화를 고려해 사진을 보정하기 어렵습니다. 가능하면 원본 사진을 보내 달라고 하는 이유입니다.

마지막으로 하나 더 짚을 점이 있습니다. 도감에 수록할 종은 분류체계상 내림차순이나 오름차순, 즉 분화 계통도 순서에 따라 정방향이나 역방향으로 나열하는 것이 좋습니다. 이따금 가나다순이나 알파벳순으로 나열하는 저자도 있는데 도감에서 이는 의미가 없을 뿐더러 독자에게도 도움이 되지 않습니다.

도감에 익숙한 독자는 찾으려는 종이 도감 어디쯤에 있을지 대강 압니다. 곤충 도감을 예로 들면 앞쪽에는 하루살이나 잠자리 같은 원시곤충 형질을 띠는 종이 있고 뒤쪽에는 벌이나 파리, 나비처럼 늦게 분화한 종류가 있으리라 예상합니다. 나비 이름을 찾으려고 할 때 책을 대략 펼쳐 딱정벌레가 나왔다면 뒤쪽으로 넘기고, 잠자리를 찾고 싶은데 메뚜기가 나왔다면 앞쪽으로 넘겨 찾습니다. 폭을 좁혀 같은 무리 안에서도 마찬가지입니다. 예컨대 잠자리 무리에서 실잠자리 종류를 찾겠다면 앞쪽, 측범잠자리 종류를 찾겠다면 중간쯤, 좀잠자리 종류를 찾겠다면 뒤쪽을 펼칩니다. 그러므로 저자도 이 점을 감안해 독자가 찾는 종이 예상하는 위치에 있게끔 기준을 정하고서 원고를 정리해야 합니다.

도감 글쓰기

책 펴내는 일을 하다 보니 평소 좋은 글이란 어떤 글인지를 많이 생각합니다. 지금은 입말과 우리말로 써서 쉽고 술술 읽히는 글이 좋은 글이라고 여기며, 자연과생태에서 내는 책 글도 그리 다듬으려고 애쓰지만 쉽지는 않습니다. 한글 맞춤법도 너무 어렵고요. 이 글을 쓰면서도 건너편에 앉은 편집자에게 몇 번이고 헷갈리는 맞춤법을 물어봤습니다. 그러나 이 책은 글쓰기나 맞춤법 책이 아니며, 제가 그런 책을 쓸 능력도 안 됩니다. 여기서는 그저 도감 저자 글에서 많이 보이는 문제, 도감에 맞는 글쓰기, 도감 원고를 쓸 때 헤아릴 점을 살펴보고자 합니다.

도감 글 특징은 '짧고 뚜렷하다'입니다. 말이 많으면 말실수도 늘어나듯 글도 마찬가지이므로 수식어와 반복 설명을 줄여 정보를 오해 없이 전달하는 데에 집중합니다. 문장에서 주어를 붙이지 않을 때도 많습니다. 도감에서는 종마다 설명글이 있고, 각 설명글에서는 모두 주어가 하나, 즉 그 종이기 때문입니다. 조사를 붙이지 않을 때도 있습니다. 예를 들어 '잎은 둥근꼴이며 마주나고 가장자리에 톱니가 있다'라는 문장을 '잎 둥근꼴, 마주나며 가장자리 톱니'처럼 쓰기도 합니다. 마치 기사 헤드라인을 읽는 느낌입니다. 이는 영어권 도감도 비슷합니다. 그래서(그런 사람도 없겠지만) 도감에서 글맛을 찾으려 하거나 글맛을 살리며 글을 쓰려고 하면 곤란합니다.

이따금 원고에 굳이 쓰지 않아도 될 한자말을 쓰는 저자를 봅니다. 왜 그러냐고 물으면 참 뜻밖에 "너무 가벼워 보일까 봐서요"라는 대답이 돌아옵니다. 곤충 도감에 '난에서 3일 지나 나온 유는 난각을 먹어치우고 5회 탈피한 후에 용이 되었다가 보름이 지나 우화해 성충이 된다'라는 설명이 있다면 어떨까요? 무게감 있는 글이라기보다는 무슨 말인지 알 수 없는 글 같습니다. 반대로 '알에서 3일 지나 깨어난 애벌레는 알껍데기를 먹어치우고 다섯 번 허물을 벗은 뒤에 번데기가 되며, 보름 지나 날개돋이해 어른벌레가 된다'라고 쓰면 글이 가벼워 보일까요? 오히려 또렷이 정보를 전달하는 것이 목적인 도감에 알맞은 글이라 할 만합니다.

도감 원고를 살피다 보면 공통으로 나타나는 특징이 있습니다. 영어식, 일본식 문장이 매우 많다는 점입니다. 국내 자료가 적었던 시절에 주로 영어권과 일본에서 나온 도감이나 이를 번역한 교재로 공부했고, 이런 자료를 참고해 글 쓰는 일이 많았기 때문인 듯합니다.

가장 많이 보는 영어 말씨는 have 쓰임을 그대로 따온 '네 개의 다리를 지녔으며', '기회를 가지며' 같은 문장입니다. '다리는 네 개이며'나 '기회이며'로 하면 됩니다. '휴식을 취한다', '짝짓기가 이루어진다' 같이 영어 수동태처럼 과도하게 피동으로 나타낼 때도 많습니다. 이런 글도 '쉰다' '짝짓기한다'라고 쓰는 것이 좋습니다. 상황에 따른 우리말 동사가 있는데도 영어에서 make를 쓰듯이 '만든다'라고만 쓰는 일이 많습니다. '구덩이를 만든다'나 '둥지를 만든다'가 예이며 이는 '구덩이를 판다'나 '둥지를 짓는다'로 바꾸면 좋습니다. Because나 The reason is that, If, Now, Perhaps 같은 영어 습관을 따라 '왜냐하면 ~때문이다', '그 이유는 ~ 때문이다', '만일(만약) ~한다면', '지금 ~한다', '아마도 ~같다'처럼 쓸 때도 많습니다. 이는 의미 중복일 뿐이니 그냥 '~때문이다', '~한다면', '~한다', '~같다'처럼 앞말을 빼고 쓰는 것이 좋습니다. 또한 여러 가지를 나열할 때 영어에서 마지막 것 앞에 and를 붙이는 것처럼 '그리고'를 쓸 때가 많은데 우리말에서는 그러지 않아도 됩니다. '더듬이 1, 2, 3 그리고 4마디'가 아니라 그냥 '더듬이 1, 2, 3, 4마디'면 됩니다. be + ing 같은 표현도 많습니다. '연구하고 있다' 같은 말은 '연구한다'로만 쓰면 됩니다. 영어 말씨는 가능하면 능동으로, 동사 중심으로 바꿔 우리말 어순에 맞게 쓰는 것이 바람직합니다.

한자말이나 일본말 습관이 밴 말씨도 무척 많습니다. 가장 많이 보이는 말투는 '~에 의해'나 '~로 인해', '~하기 위해', '~의 경우'입니다. '천적에 의해', '먹이 부족으로 인해', '방어하기 위해', '천적을 만났을 경우' 같은 말씨인데 이는 '~ 때문에'나 '~하려고', '~했을 때'로 쓰는 것이 우리

말답습니다. 일본어에서 많이 쓰는 の 영향을 받아 여기저기 '의'를 붙일 때도 많으며 '~류', '~적' 같은 말도 많이 씁니다. 그런데 갑자기 가슴이 답답합니다. 우리말답게 글을 쓰는 것이 좋겠다고 말하는 지금, 저도 이 책에서 일본 한자말이나 영어 말씨를 얼마나 많이 썼을까 싶어서입니다. 이미 널리 퍼진 데다 익숙해진 말씨라 누구나 처음에는 고쳐 쓰기가 어색하고 어려울 수 있습니다. 다만 우리말답지 않은 말씨라는 것을 알 때마다 조금이나마 고쳐 쓰려 하면 좋겠습니다.

용어도 우리말로 바꿔 누구나 쉽게 알 수 있도록 하면 좋을 텐데 참 어려운 일입니다. 용어를 우리말로 바꾸려면 먼저 우리말을 잘 알아야 하는데 생물 연구자가 그런 지식까지 갖추기는 어렵습니다. 생물 분야와 국어 분야가 협업해야만 가능한 일입니다. 출판사도 마찬가지입니다. 새로운 분야 도감을 작업할 때마다 용어 문제로 골머리를 앓습니다. 저자나 우리말 연구자와 상의해 가장 알맞은 우리말로 바꿔 가다 보면 언젠가는 우리말 용어집을 낼 수도 있겠지만 시장이 작은 분야 책에 선뜻 그만한 시간과 비용을 들이기가 쉽지 않습니다. 그렇더라도 저자와 출판사가 함께 꾸준히 용어를 바꾸려고 애쓰면 좋겠습니다. 도감은 앞선 도감을 업데이트 방식으로 이루어지니 거듭 애쓰다 보면 언젠가는 모든 분야에서 우리말 용어가 자리 잡는 날이 오지 않을까요?

식물이나 곤충 분야에서는 우리말 용어가 차츰차츰 자리 잡았습니다. 예를 들면 꽃이 달리는 모양을 나타내는 용어에 '산형화서'가 있습니다. 처음에는 '화서'만 '꽃차례'로 바꿔 '산형꽃차례'라고 하다가 나중에는 '산형'도 '우산모양'으로 바꿔 '우산모양꽃차례'로 했습니다. 지금은 많은 사람이 '산형화서' 대신 '우산모양꽃차례'라고 씁니다. 혹시 좀 더 시간이 지나면 '모양'도 '꼴'로 바꿔 '우산꼴꽃차례'가 될지도 모르지요. 곤충 변태를 나타내는 용어 '완전변태'와 '불완전변태'도 처음에는 '변태'만 '탈바꿈'으로 바꿔 '완전탈바꿈' '불완전탈바꿈'으로 했다가 '갖췄다' '못갖췄다'를 붙여 '갖춘탈바꿈' '못갖춘탈바꿈'으로 바꿨습니다. 나중에는 못 갖춘 것이냐 안 갖춘 것이냐를 논의하기까지 했습니다.

출판사에서는 용어뿐만 아니라 색깔을 나타내는 말도 우리말로 바꾸고자 많이 노력합니다. 예를 들면 청색, 백색, 흑색, 적색 같은 말을 파랑, 하양, 검정, 빨강처럼 바꿉니다. 그러나 복합색을 바꾸려면 벽에 부딪힐 때가 많습니다. 적황색이나 담적색 정도라면 붉은빛 도는 누런색, 엷은 붉은색으로 바꾸겠지만, 담황갈색 같은 심한 복합색이 나오면 갑갑해집니다. 이런 색을 풀어 쓰면 글이 너무 길어지고 읽는 사람에게도 선뜻 와닿지 않을 테지요. 일관성을 중요하게 여기는 편집자는 일관성을 무너뜨리느니 그냥 모두 다시 한자말로 바꾸거나 울며 겨자 먹기로 일관성은 포기하고 우리말과 한자말을 뒤섞어 쓰기도 합니다.

사실 색은 보는 사람에 따라 조금씩 다르므로 객관성 있게 설명하기 어렵습니다. 수많은 농도 차이마다 이름이 있지도 않고 색깔표처럼 번호로 이야기할 수도 없습니다. 반대로 그렇기 때문에 어떤 부분인지만 명확히 가리키면 대략 말해도 다 알 수 있습니다. 사람들은 대개 눈으로 색깔을 받아들이지 말이나 글로 받아들이지 않기 때문입니다. 바다를 가리키며 누구는 쪽빛이라 하고 누구는 바닷빛이라 하더라도 사람들은 그 바다 색깔이 어떤지 압니다. 쪽빛이든 바다빛이든 '저 사람은 저렇게 표현했구나'하고 맙니다. 담황갈색도 엷은 갈색이라 해도 되고 어두운 누런색이라 해도 되고 그냥 갈색이라 해도 상관없습니다. 그러니 저자도 원고를 쓸 때 색깔 묘사에 너무 집착하지 말고, 어느 부분을 설명하려는지만 짚고서 누구나 인정할 만한 색깔과 짙고 연한 정도로만 나타내면 좋겠습니다.

생김새를 묘사할 때는 크기, 색깔, 모양 순서로 설명하는 것이 좋습니다. 멀리서 어떤 생물이 다가온다고 생각해보면 우선 큰지 작은지가 보일 테고 서서히 색깔을 알 수 있을 테며 가까워지고 나면 자세한 모양을 알 수 있을 테니 말입니다. 예를 들면 '등에 5cm 크기인 붉은 네모 무늬가 있다'가 '등에 있는 네모 무늬는 붉으며 크기는 5cm다'로 설명하는 것보다 낫습니다.

편집자의 시간

저자가 출판사로 최종 원고를 보내면 이제부터는 편집자의 시간입니다. 분야에 따라 편집 방식이 조금씩 다르므로 여기에서는 자연과생태 방식을 바탕으로 도감 편집 이야기를 해 보려고 합니다.

저자가 원고를 준비하는 시간만큼이나 편집자가 원고를 다듬는 시간도 깁니다. 전체 틀을 파악하고 잘 모르는 내용을 이해하려니 시간이 많이 걸립니다. 편집자가 원고를 내 것으로 소화하지 못하면 책 틀을 알맞게 잡거나 원고를 제대로 다듬을 수 없습니다.

편집자는 원고를 받아 들면 전체를 죽 살펴보면서 어떻게 틀을 잡을지 구상합니다. 여러 요소를 어떤 모양으로 어디에 놓을지, 사진과 글 양을 파악해 종당 몇 쪽을 배정할지, 어떤 순서로 구성 요소를 부각할지를 정하며 완성될 틀을 그립니다. 내용이나 예상하는 책 두께에 따라 대상 독자도 설정하고 그에 맞는 가격까지도 짐작합니다.

이런 과정이 끝나면 포맷을 잡습니다. 이를 포맷팅이라고 합니다. 과나 속 같은 상위 분류는 맨 위쪽에 놓지만 작게 쓰겠다, 국명은 가장 크게 보여 주고 학명은 그보다 작게 하겠다, 몇몇 특성은 따로 뽑아 한눈에 볼 수 있게 하겠다, 그 다음에 본문과 사진을 놓겠다와 같이 원고 틀을 잡는 과정입니다.

오른쪽 위 글상자는 한 종으로 포맷을 잡은 예시입니다. 『한국 육서 노린재』 원고 가운데 하나로, 이 도감에서는 490종을 다루니 이런 포맷이 490개 있다고 보면 됩니다. 종마다 원고량도 다르고 사진 수도 1~12장까지 다양해 종당 1~2쪽을 할당합니다. 포맷팅은 원고 전체를 일관성 있게 짜는 작업이기도 하지만 편집자와 디자이너 사이 대화 방식이기도 합니다. 디자이너는 포맷팅된 원고를 보고 요소마다 어떤 차이를 주어야 할지 파악합니다. 아래 글상자 사진은 이 포맷을 바탕으로 만든 시안입니다.

뿔노린재아과 Acanthosomatinae

가시얼룩뿔노린재

Elasmostethus yunnanus Hsiao & S. L. Liu, 1977

국내 첫 기록 *Elasmostethus yunnanus*: WG. Kim *et al.*, 2016

크기 10~12㎜ / **출현 시기** 8~10월 / **분포** 경기, 강원, 충북, 경북, 전북

몸은 황록색 또는 초록색이며 어깨 돌기는 약간 튀어나왔고 끝부분은 검은색이다. 얼룩뿔노린재와 마찬가지로 배 아랫면 기문 근처에 검은 점이 하나씩 있으며, 배 윗면은 붉은색이지만 앞날개 막질부 검은 무늬 탓에 배의 붉은색이 잘 보이지 않는다. 작은방패판 기부 가운데와 양 옆에 짙은 갈색 무늬가 있으며, 가운데 있는 삼각형 또는 쐐기 무늬는 끝이 뾰족하다. 이 무늬들은 개체에 따라 흔적만 있다. 수컷 생식절 끝부분에 털 뭉치가 하나 있고 그 안쪽에 검은 돌기가 있으며, 암컷 생식절 끝부분이 깊이 파인 쌍 봉우리 모양인 것으로 다른 종과 구별한다. 두릅나무과(Araliaceae) 독활(*Aralia cordata* var. *continentalis*), 오갈피나무(*Eleutherococcus sessiliflorus*), 팔손이(*Fatsia japonica*)와 미나리과(Apiaceae) 시호(*Bupleurum falcatum*), 기름나물(*Peucedanum terebinthaceum*)에서 사는 것을 확인했다. 기존 비단얼룩뿔노린재는 국내 분포 기록 근거가 불분명하고, 이 종의 동종이명일 가능성이 크다.

216-1. 수컷 10.16
216-2. 암컷 9.21
216-3. 약충 5령 9.26

뿔노린재아과 Acanthosomatinae

가시얼룩뿔노린재

Elasmostethus yunnanus Hsiao & S. L. Liu, 1977

국내 첫 기록 *Elasmostethus yunnanus* : WG. Kim *et al.*, 2016
크기 10~12mm | **출현 시기** 8~10월 | **분포** 경기, 강원, 충북, 경북, 전북

몸은 황록색 또는 초록색이며 어깨 돌기는 약간 튀어나왔고 끝부분은 검은색이다. 얼룩뿔노린재와 마찬가지로 배 아랫면에는 기문 근처에 검은 점이 하나씩 있으며, 배 윗면은 붉은색이지만 앞날개 막질부의 검은 무늬 탓에 배의 붉은색이 잘 보이지 않는다. 작은방패판 기부의 가운데와 양 옆에 짙은 갈색 무늬가 있으며, 가운데에 있는 삼각형 또는 쐐기 무늬는 끝이 뾰족하다. 이 무늬들은 개체에 따라 흔적만 있을 수 있다. 수컷 생식절 끝부분에 털 뭉치가 하나 있고 그 안쪽에 검은 돌기가 있으며, 암컷의 생식절 끝부분은 깊이 파인 쌍 봉우리 모양인 것으로 다른 종과 구별할 수 있다. 두릅나무과(Araliaceae)의 독활(*Aralia cordata* var. *continentalis*), 오갈피나무(*Eleutherococcus sessiliflorus*), 팔손이(*Fatsia japonica*)와 미나리과(Apiaceae)의 시호(*Bupleurum falcatum*), 기름나물(*Peucedanum terebinthaceum*)에서 서식을 확인했다. 기존의 비단얼룩뿔노린재는 국내 분포 기록 근거가 불분명하고, 이 종의 동종이명일 가능성이 높다.

수컷 10.16

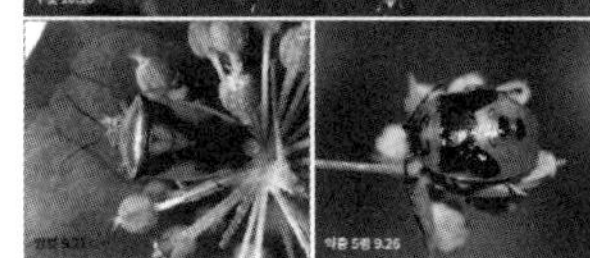
암컷 9.21
약충 5령 9.26

273

위 글상자를 바탕으로 만든
본문 디자인 시안입니다.

원고 포맷팅이 끝나면 교정교열을 봅니다. 원고를 다듬는 작업이며 편집자 작업 과정에서 시간이 가장 오래 걸리는 단계입니다. 맞춤법, 표기법, 바른 문장으로 다듬는 일이 기본이지만 도감에서는 그보다 먼저 확인해야 할 일이 있습니다. 논리에 맞게 서술했는지, 학명은 정확한지, 정보는 사실인지 등을 검토하는 일입니다. 학명은 대조해 볼 여러 자료가 있지만 그 자료에도 오류나 오탈자가 있을 수 있으므로 의심스러울 때는 일일이 구글에서 검색해 봅니다. 세계에서 나온 다양한 논문 자료도 검색에 걸리므로 세계에서 통용되는 학명이 맞는지를 확인하는 과정이기도 합니다. 학명에 따라 검색 결과가 거의 없기도 하고 비슷한 학명이 섞여 검색될 때도 있습니다. 이럴 때는 대개 학명에 오탈자가 있으므로 앞에서부터 몇 글자씩 끊어 다시 검색합니다. 또한 라틴어에 나타나는 여성격과 남성격을 잘못 적용해 종소명 어미를 달리 쓰는 일도 많습니다. 이런 과정을 거쳐도 미심쩍은 학명이 있으면 저자에게 보내 다시 확인해 달라고 합니다.

학명뿐만 아니라 원고 내용에서도 궁금한 점이 있으면

저자에게 반복해서 확인 요청을 합니다. 모든 의문을 풀고 나면 원고 다듬는 일에 집중합니다. 초고 상태나 대상 독자에 따라 교정 수위와 횟수가 조금씩 달라집니다. 전문가용 책이라면 교정 수위가 조금 낮고 대중용이라면 높은 편입니다. 교정교열을 끝낸 다음 전체 원고를 다시 살피거나 여러 편집자가 돌려 보며 보통 한글 파일로는 3교정을 보지만 상황에 따라서는 5~6교정까지 보기도 합니다.

도감 편집 작업에서는 교정교열만큼이나 사진 손질도 중요합니다. 이는 도감 특징 가운데 하나로 디자이너보다 편집자가 사진을 보정하는 일이 많습니다. 생물을 잘 아는 디자이너라면 상관없지만 그렇지 않다면 생물 본래 색을 몰라서 아주 조심스럽게 보정하기 때문입니다. 밝은 배경에 곤충이 한 마리 있는 사진을 예로 들어 보겠습니다. 보통 카메라는 화면 속 전체를 여러 구획으로 나눠 밝기를 잰 뒤 평균값으로 찍기 때문에 이런 사진에서는 곤충이 시커멓게 보입니다. 실제로 이 곤충을 아는 편집자는 배경이 하얗게 날아가더라도 사진 주제인 곤충에만 집중해 밝기를 적정 상태로 보정합니다. 그러나 이 곤충을 모르는 디자이너라면 사진에서 어느 부분을 어느 정도까지 보정해야 할지 쉽게 정하지 못합니다. 그래서 편집자가 RGB 모드에서 기본 보정을 해서 넘기면, 디자이너가 인쇄용인 CMYK 모드로 변환한 뒤 색감이나 채도 변화가 큰 사진 위주로만 보정할 때가 많습니다.

사진을 보정할 때는 1~2주는 예사고 무척 심할 때는 한 사람이 한 달 내내 보정에만 매달리기도 합니다. 디지털 사진은 대개 입자 구조이고 부드러워서 그대로 인쇄하면 사진이 뿌옇게 나올 때가 많습니다. 사진을 손질할 때는 콘트라스트와 선예도를 높이고, 잡광을 제거해 본래 색을 찾으며, 먼지를 제거합니다. 어느 분야 도감이냐에 따라 보정 난이도도 달라집니다. 물속 생물이라면 물에 뜬 부유물을 하나하나 지우고 푸르스름한 색온도를 바로잡아야 합니다. 식물이라면 꽃과 배경 밝기 차이를 바로잡아야 하는데 쉽지가 않습니다. 꽃은 밝고 잎이나 줄기 쪽은 어두운 사진은 꽃 질감이 살아나도록 농도를 맞추면 잎이 너무 어두워지고 잎에 맞추면 꽃 질감이 사라져 버릴 때가 많습니다.

사진을 보정할 때는 어떤 종이에 인쇄할지도 생각합니다. 모조지처럼 잉크를 흡수하며 어두워지는 종이를 쓸 계획이면 사진 노출을 한 스톱 밝게 합니다. 모니터로 보기에는 지나치게 밝은 듯해도 인쇄에서는 적정 밝기로 나옵니다. 색을 잘 구현하는 종이를 쓴다면 어두운 부분 디테일까지 살릴 수 있으므로 적정 노출로 맞추거나 전체가 어둡더라도 그대로 둡니다. 그래서 때로는 사진을 보고 종이를 고르기도 합니다. 너무 화질이 나쁘거나 크기가 작은 사진을 마지못해 많이 써야 한다면 사진 흠을 가려 줄 만한 종이, 즉 색을 잘 발현하지 못하는 종이를 고르고 사진이 무척 좋다면 이를 잘 발현할 종이를 고릅니다.

사진 한 장 한 장을 보정하는 것도 중요하지만 책에 싣는 모든 사진을 마치 한 번에 찍은 듯 밝기나 명암 대비를 일정하게 맞추는 것이 더 중요합니다. 책을 인쇄할 때는 보통 16쪽을 한 번에 인쇄하므로 특별히 어느 사진에 기준을 맞출 수가 없기 때문입니다.

원고와 사진을 모두 정리하면 디자이너에게 작업 파일을 넘깁니다. 디자이너는 작업 내용을 대략 파악한 뒤 시안 디자인을 만들어 편집자와 상의합니다. 여기서 모양을 확정하고 나면 디자이너는 책 전체를 디자인합니다. 책 전체 디자인이 나오고 나면 이때부터는 대지 교정 난계에 들어갑니다. 보통 대지 1교에서는 원고와 사진이 제자리에 맞게 들어갔는지 살피고, 사진 위치를 바꾼다든지 사진을 추가하거나 삭제한다든지 하며 시각 요소를 수정합니다. 이 단계에서는 종이나 내용을 추가하거나 배열 위치를 바꿀 수도 있습니다.

이런 수정 내용을 디자이너에게 넘기면 디자이너는 이를 반영해 2교 디자인 작업을 합니다. 대지 2교부터는 간단한 사진 교체나 추가 및 삭제는 가능하나 페이지를 이동하거나 전체 쪽 수를 변경하는 일은 어려우며 내용 위주로 교정을 봅니다. 저자와 편집자가 서로 살핀 내용을 합쳐 수정하는 사이에 편집자와 디자이너는 표지 준비도 합니다. 콘셉트에 맞게 시안을 만들어 보며 점점 폭을 좁히다가 최종 표지를 선정합니다. 본문에서 더 이상 수정할 곳이 보이지 않으면 차례와 찾아보기를 넣어 본문 디자인을 끝내고, 표지와 본문 최종 교정을 본 다음에 마감합니다. 보통은 대지 3~4교에서 마무리하지만 책에 따라 5~6교까지 가기도 합니다.

마감한 디자인 파일은 용량이 큰 인쇄용 pdf로 만들어 출력소로 보냅니다. 출력소에서 그쪽 프로그램으로 변환한 pdf를 다시 보내오면 이상 없이 호환되었는지를 살핍니다. 이를 검판이라고 합니다. 검판하고서 이상이 없으면 인쇄 일정을 잡고, 필요할 때는 인쇄 감리를 나가기도 합니다. 바라는 색깔이나 농도대로 견본이 나오면 인쇄, 접지, 재단, 코팅, 제본 같은 제작 과정이 진행됩니다. 책이 제작되는 동안 편집자는 책이 나왔을 때 함께 배포할 홍보자료를 작성하며, 이 작업까지 마무리 지은 다음에야 편집자의 시간이 끝납니다.

도감 다듬기

제목 짓기

자연과생태 도서 목록에는 재미난 특징이 있습니다. 가나다순으로 정렬하면 'ㅎ'에 책이 몰린다는 점입니다. 제목에 '한국'이나 '한반도'가 붙은 도감이 많아서입니다. 한국은 남한, 한반도는 남북한 생물을 모두 다룰 때 붙입니다. 그리고 출판사보다는 저자가 이런 제목을 바랄 때가 많습니다.

도감 제목에서 다루는 범위를 나타내는 일은 당연합니다. 지리산에 사는 포유류를 다룬 책이라면 '지리산 포유류', 한강에 사는 물고기만 다뤘다면 '한강 물고기'라고 붙여야 알맞습니다. 그래서 우리나라에 사는 생물을 다루니 한국이라는 말도 붙일 만합니다. 그런데 저자가 제목에 '한국'을 붙이려는 이유는 꼭 그래서만은 아닙니다. 속내는 한국을 대표하는 도감이라는 인상을 주고 싶어서인 때가 많습니다. 실제로 같은 분야 도감에서 이미 '한국'을 제목에 썼다면 무척 아쉬워합니다.

그런데 책을 외국어로 낸다면 모를까 우리나라에서 내고 우리나라 사람들이 볼 책에 굳이 '한국'을 붙일 까닭은 없을 듯합니다. '한국 나무 도감'이라면 그냥 '나무 도감'이 좋고 도감인 줄 다 알 만한 책이라면 '도감'도 빼서 '나무'라고만 해도 됩니다. 자연과생태에서 펴낸 『한국 개미』라는 도감이 있습니다. 제목을 정할 때 편집부에서는 '개미 도감'으로 하자 했고 저자는 '한국의 개미 도감'으로 하자고 했습니다. 도감 시리즈에 속하기에 '개미'라고만 해도 좋겠으나 유명한 소설 『개미』가 있고 교양서도 있어서 '도감'까지는 넣자고 했는데 저자는 '한국'도 들어가길 바랐습니다. 그러다가 저자는 '도감'을 뺀 '한국의 개미'까지는 물러서겠다고 했으나 편집부에서는 저자에게 '의'를 붙이는 것이 바람직하지는 않으니 '한국에 사는 개미'나 '한국 개미' 가운데 고르라 했고 '한국 개미'로 결정했습니다.

계약서를 보면 제목 확정 권한은 출판사에 있습니다. 그러나 보통은 출판사 마음대로 결정하지 않습니다. 책을 가장 아끼고 사랑하며 뿌듯하게 여길 사람이 저자이기에 저자가 마음에 들어 하지 않는 제목을 붙여 책을 안겨 주고 싶지는 않기 때문입니다.

생물이 살아가는 터전은 국경을 기준으로 삼지 않습니다. 생물을 정리하는 나라의 필요와 한계에 따라 구분 짓지만 이는 사람 중심 생각이지 생물에게는 해당하지 않습니다. 그래서 도감은 나라를 가리지 않고 사고팝니다. 우리나라에 사는 종을 탐구하더라도 다른 나라 자료와 비교해야 하는 일이 많고, 다른 나라에서도 한국에 사는 생물을 궁금해하기 때문입니다. 자연과생태에서 발행하는 도감에 영문 제목을 붙이고 저자 이름도 영문으로 표기하는 이유입니다. 가끔 외국에서 더 많이 찾을 듯한 도감 같으면 영문 판권을 싣고 인용 예시도 영문으로 알려 줍니다.

영문 제목에는 'of Korea'나 'from Korea'를 붙입니다. 개미 도감이라면 'The ants of Korea'나 'An ants of Korea' 또는 'An illustrated guide to Ants of Korea'나 'The encyclopedia of Korean ants'로 붙입니다. 영문 제목을 보면 알 수 있듯 '도감'을 정확히 나타낼 영어 낱말은 없습니다.

'도감'은 한자를 쓰는 중국, 일본, 대만 정도에서 쓰는 말이며 책 모양이나 뜻도 비슷합니다. 영어권 나라에서는 그림이나 사진을 곁들여 설명한 책 또는 어떤 분야 백과사전이라고도 쓰지만 자연과생태에서 굳이 '도감'이란 말을 넣으려 하지 않듯 영어권에서도 'An illustrated guide to'나 'The encyclopedia of'를 넣지 않는 책이 더 많습니다. 이는 책 내용을 수용하거나 나타내는 태도가 유연하다는 뜻이기도 합니다.

영문 제목을 정할 때 일반명이 있다면 학명보다는 일반명을 쓰는 것이 더 좋습니다. 예를 들어 잠자리 도감이라면 사람들이 흔히 부르는 dragonflies and damselflies라고 하는 것이 잠자리목을 지칭하는 학명 Odonata를 쓰는 것보다 낫습니다. 목이나 과, 속명을 쓰면 전문가만 보라는 듯이 비칠 수 있기 때문입니다.

누가 저자인가?

저자는 '저작자' 준말입니다. 책을 비롯해 음악, 영화, 그림 모든 창작물에 해당하며, 책일 때는 지은이, 글쓴이로도 적습니다. 그런데 도감에서는 저자 이름 앞에 주로 '글 · 사진'이라고 적습니다. '저작'이나 '짓다', '쓰다'라는 말을 폭넓게 쓸 수도 있지만 아무래도 이런 낱말에는 창작했으며, 글이 중심이라는 뜻이 많이 담기기 때문입니다. 도감은 새로운 사진을 실을 수는 있어도 내용을 완전히 새롭게 창작할 수는 없습니다. 그래서 '지은이 ○○○'보다는 '글 · 사진 ○○○' 같은 모양으로 많이 나타냅니다. 물론 그렇더라도 책을 짓는 데 공들인 사람이라는 뜻에서는 변함이 없습니다.

그런데 가끔은 그렇지 않은 사람이 저자로 이름을 얹기도 합니다. 분명 출간 준비를 할 때는 저자 한 사람과 이야기를 주고받았는데 원고를 받아 보면 책 작업에 별다른 역할을 하지 않은 사람 이름도 저자로 들어가 있을 때가 있습니다. 이른바 끼워주기입니다. 이유는 다양합니다. 지도 교수나 회사 윗사람이라서 넣어 주는 일이 가장 많고, 사진을 많이 제공했다든가 자료 정리를 도와준 사람을 저자로 올리기도 합니다. 심지어는 책과 아무 관련이 없는 사람이 자기 인지도를 높이려고 넣어 달라 하기도 하고, 저자가 책을 냈을 때 생길 후폭풍을 걱정해 바람막이로 신망 있는 사람 이름을 넣기도 합니다.

학교나 공공기관, 정부 출연기관에서 일하는 사람은 대개 공저로라도 저작물을 내면 근무평가 점수가 가산되기 때문에 일부 저자의 교수나 직장 상사는 책 작업을 하지 않고도 책에 자기 이름을 넣으려 합니다. 그러다 보니 물고기 도감을 내는데 새나 곤충 연구자가 공저로 오르기도 하고, 저자가 예닐곱 명이 되기도 합니다.

저작자란 개인을 가리키므로 조직에 속한 누군가가 조직 비용으로 책을 냈더라도 그 조직이나 관련자가 저작자가 될 수는 없습니다. 그러므로 책과 아무런 관련이 없는데

도 자기 이름을 넣겠다는 사람은 물론이거니와 그걸 받아 주는 저자도 바람직하지 않습니다. 이런 까닭으로 여러 저자가 일정 분량 내용을 작성해 한 권으로 묶어 낸 책이 아니라면 독자는 공저자가 많은 책을 피하거나 의심해 살펴보는 것이 좋습니다.

그렇다면 어느 정도 책에 참여해야 공저자로 볼 수 있을까요? 먼저 기여자(contributor)와 공저자(co-author)를 구분해 보겠습니다. 책을 기획하고 자료를 모으고 정리하는 일에 도움을 주었다면 기여자입니다. 이를테면 아내가 책을 쓸 때 집안일을 신경 쓰지 않도록 남편이 청소하고 빨래하고 아이들을 챙기고 타이핑까지 대신 쳐 주었다면 기여자에 해당합니다. 저자인 아빠를 대신해 자녀가 필요한 책을 도서관에서 빌리고 반납하는 일을 내내 도왔다면 역시 기여자입니다. 어떤 연구기관에서 진행한 프로젝트 결과물로서 나오는 책이라면 예산을 확보한 사람, 행정 처리를 맡은 사람, 작업 시간을 배려한 윗사람 등도 기여자입니다. 저자는 기여자를 향한 고마운 마음을 책 머리말이나 일러두기 또는 아예 따로 페이지를 만들어 나타낼 수 있으며, 그

역할도 정확히 드러낼 수 있습니다.

공저자는 저자보다는 역할이 적지만 원고를 쓰는 데 일부 참여한 사람을 가리킵니다. 다만 참여 정도나 저자 의지에 따라 공저자로 넣을 수도 있고 기여자로 넣을 수도 있습니다. 책에 표시할 때는 저자를 앞에 넣고 공저자를 뒤에 넣습니다. 이럴 때 저자는 1저자(first author)라고 합니다. 그래서 도감에 저자가 두 명이라면 둘이 힘을 합쳐 도감을 썼다고 보기보다는 앞에 놓인 저자가 거의 다 추진하고 뒤에 나오는 저자가 거들었다고 보면 됩니다. 논문 작업에서처럼 전체를 끝까지 살피며 교정도 보고 학회와 대화하는 창구 역할도 하는 교신저자(corresponding author)가 있을 수도 있습니다. 보통 이를 책임저자라고 하는데 책 작업에 알맞은 말은 아니므로 책에는 특별한 기여자 또는 감수자로 넣는 것이 좋습니다.

저자, 공저자, 책임저자 셋이 도감을 짓는 데 일정한 역할을 분담하고 처음부터 끝까지 관여했다면 모두 저자로 표기하면 됩니다. 이름은 저자, 공저자, 책임저자 순서로 놓습니다. 그러면 독자는 논문에서처럼 맨 앞 사람이 책 작업을 주도했고, 두 번째 저자가 일정 부분을 담당했으며, 끝에 놓인 저자가 전체 흐름을 이끌며 검토하는 역할을 했다고 보면 됩니다.

도감에서는 서로 어느 정도 분담해야 공동 작업이라고 볼 만할까요? 예를 들어 한 사람은 원고를 쓰고 한 사람은 사진을 모두 제공했다면 어떨까요? 우선 정확하게 기준을 적용하면 글을 쓴 사람이 저자입니다. 글을 쓴 사람이 원고 전체를 설계하고 진행을 맡을 가능성이 크며, 글 없이 사진만 있다면 도감이라기보다는 화보집에 가깝기 때문입니다. 그러나 도감에서는 복잡하게 따지지 않고 '글 ○○○ · 사진 ○○○'으로 나눠 나타내면 됩니다. 두 사람이 가진 사진을 합치고 한 사람은 설명을 쓰고, 한 사람은 종을 리뷰했다면 공저로 해도 알맞습니다. 또는 500종을 다루는데 250종씩 나눠서 정리했다면 이는 진짜 공저라고 볼 수 있습니다.

머리말, 일러두기, 차례

책 앞쪽에는 거의 머리말이 있습니다. 서문이나 프롤로그라고도 합니다. 책을 쓰는 목적이나 본문 내용을 요약하는 자리입니다.

머리말 쓰는 일이 가장 어렵다고 말하는 저자를 자주 봅니다. 책 가장 앞쪽에 첫인상처럼 놓이니 잘 써야 한다는 부담을 느끼는 듯합니다. 그래서인지 보통 저자들은 머리말을 가장 마지막에 씁니다. 그것도 원고를 다 쓴 뒤가 아니라 편집과 교정이 끝나 책이 나오기 직전에 쓰니 머리말이 아니라 꼬리말이라고 해야 맞을지도 모르겠습니다. 사실 생각해 보면 책에서 머리말이 가장 쓰기 쉬워야 합니다. 저자라면 책을 내기로 한 까닭, 책에서 하고자 하는 이야기를 뚜렷이 알 테니 말입니다. 즉 머리말 쓰는 일은 전체 원고를 이끌어 갈 방향을 설정하는 일이기도 합니다. 그래서 책을 쓰기에 앞서 머리말부터 쓰는 것이 좋습니다.

한편 많은 저자가 머리말 자리를 본래 목적과 달리 거창하게 자기가 자라 온 이야기를 풀어놓거나 가족, 스승, 동료, 편집자와 출판사에까지 감사 인사를 전하는 곳으로 씁니다. 독자가 저자 신변을 알 필요도 없거니와 감사 인사 분량이 지나치면 읽는 사람이 부담스럽습니다. 아무래도 책을 준비하면서 도움을 준 사람에게 고마움을 나타내지 않으면 미안할 수는 있습니다. 그렇다면 너무 지나치지 않게끔 머리말에 이어 감사 인사 자리를 하나 만들어 도움을 준 사람과 내용을 정확히 정리해 주는 것이 낫습니다. 또는 간략하다면 일러두기나 판권에 한두 줄 넣어도 됩니다. 감사 인사 자리를 따로 만들어 쓸 때 위치나 형식은 중요하지 않습니다. 오른쪽 글상자는 감사 인사를 단순하면서도 인상 깊게 전했던 예입니다. 이 저자는 책을 끝낼 때 맺음말(에필로그)과 함께 감사한 마음을 전했습니다.

목적에 맞게끔 머리말을 썼다면 같은 맥락으로 차례를 짭니다. 중복 없이 주제를 뽑으며, 내용이 매끄럽게 이어지갈 길이 멀기만 합니다.
여전히 부족하여, 내 앞에 남아 있는 시간 동안 최선을
다할 수밖에 없다는 것을 새삼 깨닫습니다.
이제야 한 권을 마무리했지만, 새로운 시작을 하게 되어
무척 기쁩니다.
수많은 분들의 도움이 있었습니다.

편안한 살림살이: 김정은 그리고 자두와 달래
사진: 이창우, 이승은, 류태복, 김윤하, 이경연, 김성열, 임정철,
이율경, 안경환, 이정아, 박영래, 장은재, 최병기
형태분류 그래픽: 황숙영, 이창우, 이승은, 이경연, 최병기
형태용어 정리: 김윤하
컴퓨터 기술지원: 엄병철
현장 답사 협조: 오해성, 박정석, 엄병철
어웨이 생태학: 〈참나무처럼〉 여러분
편집 출판 지원: 자연과생태 조영권 대표와 여러 일꾼들

고맙고, 사랑합니다.

2013년 겨울 문턱에 김종원

도록 순서를 정합니다. 이리하고 본문을 써도 쓰다 보면 생각하지 못했던 주제나 소재가 떠오르기도 하고, 주제에 맞지 않는 내용은 빼기도 하고, 다른 주제끼리 합치기도 합니다. 그래도 이미 설계한 구조가 있고 목적이 뚜렷하니 그 틀 안에서 조절해 나가면 됩니다.

책에서 일러두기는 있어도 되고 없어도 됩니다. 꼭 일러 줄 내용이 있을 때 머리말 앞이나 뒤에 놓아 독자가 미리 살펴보도록 합니다. 도감에서 가장 많이 일러 주는 내용은 다루는 범위와 종수입니다. 보통 '우리나라에 사는 물고기 ○목, ○과, ○속, ○종을 실었습니다' 같은 모양입니다. 그 다음으로는 목, 과, 속, 종을 나눈 분류체계와 학명 적용 기준이나 참고문헌을 밝힙니다. 저자가 어떤 자료를 참고했고, 어느 정도까지 개정했는지를 독자가 알아야 괜한 오해를 막을 수 있어서입니다. '학명이나 분류체계는 무엇을 따랐으니 오류가 있더라도 내 책임이 아닙니다' 같은 책임 회피이기도 하고, '사실은 여기까지밖에 공부하지 않았습니다'라는 고백이기도 합니다. 분류 전문가여서 최신 자료까지 검토해 적용했다든가 그것을 넘어서 새롭게 정리했다면 개정한 내용과 근거를 가지런히 정리해 보여 주어야 합니다.

도감을 많이 보는 사람들은 어떤 분류체계를 따르고 어떤 문헌을 참고했는지만 보고도 저자 수준을 파악합니다. 그래서 일러두기만 보고서 자기가 볼 책인가 아닌가를 판단하며, 오류가 보이더라도 너그럽게 이해합니다. 반면 섣부르게 문제가 있는 종을 재정리했다고 밝히면 '제대로 했는지 한번 살펴볼까'하는 마음으로 흠을 찾으려고 합니다.

일러두기에는 용어 설명도 넣을 수 있습니다. 물론 용어 설명이 많다면 따로 엮어야겠지만 적다면 일러두기에 단출히 정리하면 됩니다. 도감 특징 가운데 하나가 용어 설명이 많다는 점입니다. 그만큼 낯선 말이 많으며, 용어를 모르면 알아듣지 못하는 이야기도 많다는 뜻입니다. 용어 설명을 두고서 '무엇을 배우려면 용어쯤은 익혀야 한다'는 말도 있고, '쉽게 풀어 줄 마음이 없으니 내용을 보려면 알아서 하라는 듯해서 불친절해 보인다'는 말도 있습니다. 둘 다 맞는 말인 듯합니다. 어려운 용어를 쉽고 알맞은 우리말로 바꾸거나 새로이 지으면 좋겠지만 앞서 「도감 글쓰기」

에서도 이야기했듯 그러기에는 저자나 편집자 능력이 부족합니다. 부디 독자가 이런 점을 헤아려 이해해 주기를 바랄 뿐입니다. 그래도 여러 사람이 많이 노력한 덕분에 쉬운 우리말로 바꾼 용어도 많은데 입에 붙은 예전 용어를 더 편하게 여기는 사람이 많은지 아직 이런 용어가 널리 퍼지지는 않은 듯해 아쉽습니다.

용어를 정리할 때는 아무래도 분류학이나 생태학이 서양에서 먼저 시작되었고 일본을 거쳐 우리나라로 들어왔다는 한계를 감안해 우리말, 한자, 영어를 나란히 보여 주는 것이 좋겠습니다. 또한 용어는 크게 형태 용어와 생태 용어로 나뉘니 이 둘을 분리해 정리하면 더욱 보기 편합니다. 특히 생태 용어는 용어 하나에 담긴 뜻이 매우 커서 길게 해설해야 할 때가 많습니다. 친절하면서도 자세히 해설할 수 있다면 용어 설명을 책 뒤쪽에 부록으로 넣어도 좋습니다.

학명과 고유명사 표기 규칙

최근에 고맙게도 궁금했던 책 두 권을 선물로 받았습니다. 번역해서 나온 고래와 딱정벌레 도감입니다. 무척 큰 판형에 두꺼웠고 고급스럽게 양장 제본했으며 값도 그만큼 비쌌습니다. 대단한 비주얼에 압도되어 조심스럽게 몇 장 넘기다가 곧 책 모양이 조금 아깝다는 생각이 들었습니다. 곳곳에서 생물 도감 기본이라고 할 수 있는 표기 규칙을 무시한 부분이 눈에 띄었기 때문입니다. 기본을 지키지 않은 책은 독자에게서 신뢰를 얻기 힘들기에 도감을 펴내는 사람으로서 안타까웠습니다. 도감이라기보다는 참으로 대단한 화보집을 받은 느낌이었습니다.

딱정벌레 도감에서 가장 먼저 눈에 띈 것은 학명을 모두 대문자로 쓰고, 고유명사인 과명을 함부로 바꾼 점입니다. 고래 도감에서는 학명을 이탤릭체로 기울이지 않았습니다. 어떻게 이런 일이 있을까 싶고, 일부러 이러기도 어려웠을 텐데 싶어 원서를 살펴봤더니 학명을 모두 대문자로 쓴 것은 원서에서도 마찬가지였습니다. 편집자 실수였으리라 생각했는데 의외였습니다. 그래서 조금 더 살펴봤더니 딱정벌레 도감은 저자 열 명이 함께 작업한 책으로 여러 박물관 큐레이터이자 수집가, 연구자가 원고 작성을 분담하고 큐레이터 한 명이 취합해 엮은 책이었습니다. 고래 도감도 여러 연구자가 종별로 나눠서 쓴 원고를 한 연구자가 엮어 만든 책이었습니다. 그러고 나서 두 책 모두 내용보다는 멋진 사진과 그림에 중점을 두었으리라 짐작했습니다.

이런 책에서는 멋진 고래나 딱정벌레 생김새를 살필 수 있고 흥미로운 생태 이야기도 많으니 표기 오류쯤이야 중요하지 않을 수 있습니다. 저도 표기 오류가 거슬리기는 하지만 사진과 그림을 보는 재미가 좋아 곁에 두며 종종 펼쳐 봅니다. 다만 앞서 「학명, 국명, 향명의 무게」 꼭지에서도 이야기했듯이 이런 콘셉트로 내는 책이라면 굳이 학명을 넣지 않아도 좋았겠다 싶습니다.

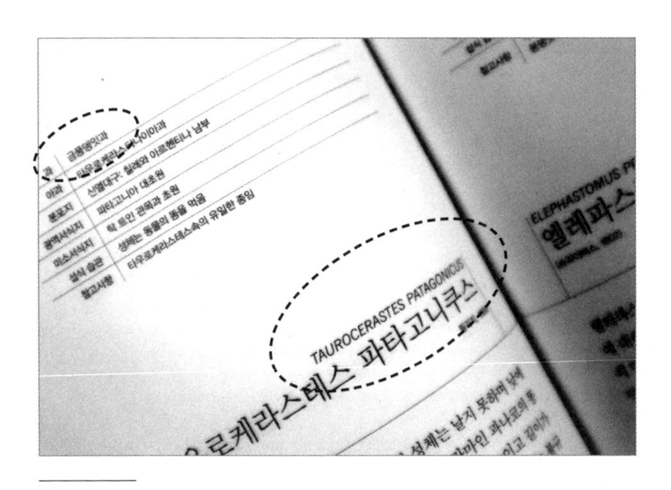

학명을 대문자로 쓰고 과명에 사이시옷을 붙였습니다. 이따금 학명과 고유명사 표기 규칙을 지키지 않은 도감을 보곤 합니다.

편집자가 대수롭지 않게 여기는 바람에 도감에서 가장 많이 나타나는 실수인 생물 이름 표기 오류를 간략하게 살펴보겠습니다. 생물 이름을 붙이고 나타내는 방식은 전 세계가 약속한 「국제식물명명규약」과 「국제동물명명규약」을 따릅니다. 두 규약은 학자들이 지구에 사는 생물을 연구할 때 이름이 달라 생길 수 있는 혼란을 줄이려고 마련했으며 150년 넘게 지켜오고 있습니다. 동물과 식물로 나뉘지만 큰 틀에서는 차이가 없습니다. 생물 이름을 붙일 때는 고려할 점이 많지만 표기할 때는 몇 가지 규칙만 따르면 됩니다.

천연기념물인 장수하늘소를 예로 들어 보겠습니다. 장수하늘소를 가리키며 '얘 이름이 뭐예요?'라는 질문을 받았다면 어떻게 말할 수 있을까요? 여러 가지로 설명할 수 있을 텐데 전 세계에서 공통으로 쓰자고 한 학명으로 나타내면 *Callipogon relictus*이므로 '칼리포곤 렐릭투스'라고 말하면 됩니다. 그러면 이런 방식으로 대화하기로 약속한 사람들은 '아! Animalia, Arthropoda, Neoptera, Endopterygota, Coleoptera, Cerambycidae, Prioninae, *Callipogon*에 속하는 *relictus*구나'라고 알아듣습니다. 우리말로 풀면 '동물계, 절지동물문, 곤충강, 신시하강, 내시상목, 딱정벌레목, 하늘소과, 톱하늘소아과, 장수하늘소속에 속하는 장수하늘소'입니다. 조금 복잡하지요. 다만 이런 방식으로 소통하고자 학명을 만들었으니 쓰지 않는다면 모를까 쓸 거라면 이 규칙을 따라야 합니다. 학명을 쓴다는 것은 곧 학명을 아는 이들에게 보라고 하는 뜻이기 때문입니다.

분류 단계		이름		표기
영명	국명	학명	국명	
Kingdom	계	Animalia	동물계	- 첫 글자 대문자, 나머지는 소문자 - 정체(이탤릭체로 쓰지 않음)
Phylum	문	Arthropoda	절지동물문	
Class	강	Insecta	곤충강	
Order	목	Coleoptera	딱정벌레목	
Family	과	Cerambycidae	하늘소과	
Genus	속	*Callipogon*	장수하늘소속	- 첫 글자만 대문자, 이탤릭체
Species	종	*relictus*	장수하늘소	- 모두 소문자, 이탤릭체

위 표에서처럼 속과 종 단위만 이탤릭체로 기울여 쓰고 그 위 단위는 똑바로 세워 씁니다. 꼭 기억할 것은 속의 첫 글자는 대문자로 쓰며 나머지는 소문자로, 종명은 소문자로만 쓰고 둘 다 이탤릭체로 써야 한다는 점입니다. 물론 모두가 이런 규칙을 외울 필요는 전혀 없습니다. 다만 책에 쓸 때만큼은 이런 표기 규칙에 따라 정확하게 써야 합니다.

생물을 다룬 책에서 첫 글자를 대문자로 쓴 한 단어가 기울어져 있다면 그것은 속 단위 무리를 모두 일컫는 속명이라는 뜻입니다. 본문에 '이런 습성은 *Callipogon*에서 나타나는 특징이다'라는 문장이 있다면 '이런 습성은 장수하늘 소속에 딸린 모든 하늘소에서 나타나는 특징이다'로 이해하면 됩니다.

장수하늘소 학명에서 렐릭투스(*relictus*)가 종명이니 그 단어만 쓰면 될 텐데 그러지 않고 속명까지 쓰는 까닭은 무엇일까요? 속명으로 종 소속을 대강 알리고자 해서이기도 하고, 종명 하나만 있으면 다른 종과 이름이 중복되는 일이 있을 수도 있어서입니다. 그래서 속명과 종명 두 글자로 나타내고, 종명에 해당하는 단어를 종소명이라고 하기로 했습니다. 그런 다음 해당하는 종에 학명을 붙인 사람 이름과 연도까지 넣으면 학명을 정식으로 표기했다 할 만합니다.

장수하늘소를 학명으로 정확히 표기하면 다음과 같습니다.

Callipogon	*relictus*	Semenov-Tian-Shansky,	1898
속명	종소명	명명자	명명연도

이를 다시 풀어 보면 장수하늘소속에 딸린 렐릭투스라는 종이며, 러시아 학자 세묘노프-챤-샨스키가 1898년에 처음 이름을 붙였다는 뜻입니다. 이처럼 학명에서는 여러 가지 정보를 넣어 이름으로 생길 수 있는 혼란을 막으려 합니다. 그런데 여기에서 끝나면 좋을 텐데 더 많은 정보를 담아 더욱 헷갈리는 학명도 자주 보입니다. 몇 가지 예를 살펴보겠습니다.

Trypoxylus	*dichotomus*	*dichotomus*	(Linnaeus,	1771)
속명	종소명	아종명	명명자	명명연도

위는 우리나라에 사는 장수풍뎅이 학명입니다. 학명을 속명과 종소명 두 단어로 쓰기로 했는데 종소명 뒤에 아종명이 붙어 세 단어입니다. 그리고 명명자와 연도에 괄호가 있습니다. 이는 어떤 종의 아종이라는 뜻입니다. 같은 종이지만 지역에 따라 격리되어 살아가다가 그 지역만의 독특한 특징을 띠는 종을 아종이라 합니다. 그러니까 이 종은 장수풍뎅이지만 한국과 중국 동부에 사는 아종이라는 뜻입

니다. 그리고 종소명과 아종명이 *dichotomus*로 같습니다. 이처럼 종소명과 아종명이 같다면 이 아종으로 장수풍뎅이라는 종을 처음 기록했다는 뜻입니다. 이런 종을 원명아종이라고 합니다. 예를 들어 인도차이나에만 사는 장수풍뎅이 아종 학명은 *Trypoxylus dichotomus politus* Prell, 1934로 맨 뒤 아종명이 다릅니다.

그렇다면 명명자와 연도에 괄호가 있는 것은 무슨 이유일까요? 이는 린네(Linnaeus)가 1771년에 이 종을 처음 기록할 때는 지금 쓰는 속명과 달랐다는 뜻입니다. 린네가 처음 보고한 것은 맞지만 뒤에 다른 연구자가 검토해 보니 합당하지 않아서 속을 변경한 예입니다.

가끔은 아래 빨간긴쐐기노린재 학명에서처럼 괄호를 넣고 아속명을 나타낼 때도 있습니다. 이럴 때는 아속명 역시 첫 글자만 대문자로 해서 기울여 쓰지만 괄호는 기울이지 않아야 합니다.

Gorpis	(*Oronabis*)	*brevilineatus*	(Scott,	1874)
속명	아속명	종소명	명명자	명명연도

식물 학명은 이제까지 살펴본 동물 학명보다 다양합니다. 아종, 변종, 품종 같은 내용까지 표시하기 때문입니다.

Daucus carota subsp. *sativus* (Hoffm.) Arcang. 당근

Pulsatilla cernua var. *koreana* (Yabe) Y. N. Lee. 할미꽃

Rhododendron yedoense for. *poukhanense* (H. Lév.) Sugim. 산철쭉

위 예시처럼 식물 학명에서는 종소명 뒤에 약어가 보이기도 합니다. subsp.는 subspecies 약자로 아종, var.는 variety 약자로 변종, for.는 form 약자로 품종이라는 뜻입니다. 동물 학명에서는 생략하는 내용을 식물 학명에서는 표기합니다. 이런 단어는 이탤릭체가 아니라 정체로 씁니다. 이 밖에도 더 많은 표기가 있고 명명자를 나타내는 방법도 여러 가지이나 예로 든 세 가지 방식을 많이 씁니다. 그리고 식물에서는 명명연도를 잘 쓰지 않으며, 명명자도 약자로 쓸 때가 많습니다.

속명 뒤에 sp.또는 spp.가 붙을 때도 있습니다. *Rhododendron* sp. 또는 *Rhododendron* spp. 같은 모양입니다. 속명 로덴드론(*Rhododendron*)의 우리말 이름은 진달래속이고

sp.는 종(species)의 약자, spp.는 sp.의 복수형입니다. 이는 진달래속에 속한 어떤 종 또는 종들인 것은 확실하며, 아직 확인을 마치지는 못했지만 신종일 가능성이 있다는 뜻입니다. 또한 저자가 어떤 속인지는 알겠는데 이름을 정확하게 확인하지 못했다는 의미로도 많이 씁니다. sp.와 ssp.도 기울여 쓰지 않습니다.

학명 뒤에 nov.가 붙을 때도 있습니다. *Callipogon relictus* nov. 같은 모양입니다. nov.는 신종을 말하는 species nova(e)의 약자이며, 이 종을 실은 발행물에서 신종으로 발표한다는 뜻입니다. nov.도 기울여 쓰지 않습니다.

예전에 학명 표기 때문에 재미있는 일이 있었습니다. 편집자가 디자이너에게 원고를 넘길 때 신경 써야 하거나 수작업이 필요한 부분에는 빨간색으로 표시를 합니다. 그 때도 이탤릭체로 기울여야 할 속명과 종명 부분을 빨간색으로 표시한 다음 원고를 넘겼습니다. 그런데 디자이너는 학명 중간에 있는 괄호나 변종, 아종 표시까지 편집자가 빨간 표시를 누락한 줄 알고 모두 기울였습니다. 게다가 명명자에서 어떤 곳에는 괄호가 있고 어떤 곳에는 없는 것도 편집자가 놓친 부분이라 생각하고 모두 괄호를 넣어 주었습니다. 편집자를 도와주려고 한 마음은 고맙지만 일일이 찾아 되돌리느라 애를 먹었습니다. 이처럼 학명 표기에는 여러 사례가 있어 헷갈릴 만합니다. 다만 편집자라면 최소한 학명이 속명과 종소명 두 단어로 이루어지며 기울여 쓴다는 점은 꼭 기억해야 합니다.

학명에 이런 표기 규칙이 있듯 우리말 이름인 국명도 마찬가지입니다. 따라서 국명으로 정한 말이 국어 표기로는 잘못되었더라도 그대로 써야 맞습니다. 편집자가 가장 많이 실수하는 종은 '딱다구리'와 '소똥구리'입니다. 편집자 대부분은 이를 '딱따구리'와 '쇠똥구리'로 바꿉니다. 국어사전대로라면 고친 것이 맞지만 생물 이름으로는 틀립니다. 어떤 '과'인지를 가리키는 과명에도 고양잇과, 풍뎅잇과처럼 사이시옷을 붙일 때가 많습니다. 생물 소속 표기로는 고양이과, 풍뎅이과가 맞습니다. 생물 이름이나 무리 이름은 사람이나 산, 강 이름처럼 고유명사입니다. 저자 이름이 '김소똥'인데 국어 표기법 또는 국어사전에 등록된 말에 따르면 잘못된 것이니 '김쇠똥'으로 바꾸겠다고 하면 말이 될까요? 예전보다는 이런 실수가 많이 줄었지만 아직도 이따금 이렇게 고쳐서 낸 도감을 볼 때가 있습니다.

주요 내용 추출

보통 도감에서는 형태나 생태를 설명하는 내용 가운데 중요하거나 모든 종에서 똑같이 거론하는 항목은 빼내어 한데 묶어 보여 줍니다. 크기, 분포, 서식지, 월동 형태, 출현 시기나 꽃 피는 때, 열매 맺는 때, 먹이, 수명 등입니다. 주요 내용을 추출한 부분은 독자에게는 단순해 보이겠지만 저자에게는 손이 가장 많이 가는 부분입니다. 작업하는 데 시간도 오래 걸립니다.

연구자가 특정 지역 생물상 조사를 맡았다고 가정해 보겠습니다. 연구자는 가장 먼저 조사할 지역에서 과거에 기록된 종을 파악하고자 여러 논문이나 보고서 같은 자료를 수집합니다. 그런 다음 해당 지역에서 기록된 종을 추출해 목록을 만듭니다. 보통 인벤토리라고 말하는 과정입니다.

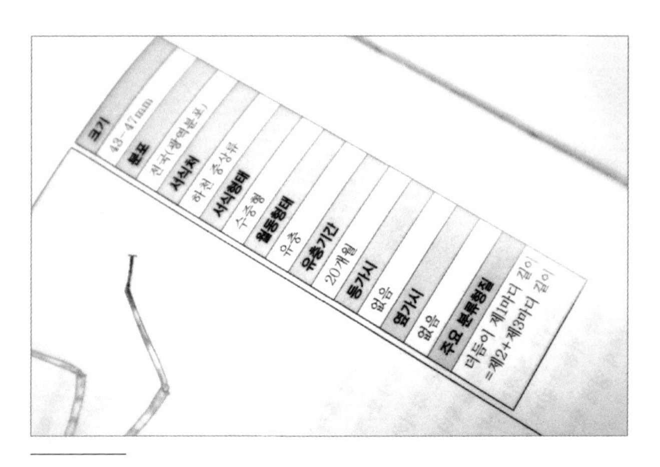

주요 내용 추출. 도감에서는 중요한 내용을 따로 뽑아 한눈에 들어오도록 정리하는 일이 많습니다.

이 목록은 조사할 때 기초 참고자료가 되며, 해당 연구자의 연구 이전과 이후를 가르는 기준이 됩니다. 과제로서 생물상 조사를 끝내고 나면 연구자는 자료 조사 목록과 자신이 직접 현장 조사한 결과를 각각 양손에 쥡니다.

그러나 이 단계까지는 단순히 조사만 한 것이기에 연구라고 말할 수 없습니다. 예전에는 어떤 지역에서 어떤 종 발견 기록이 눈에 띄게 많았는데 이번 조사에서는 발견할 수 없었으므로 먹이나 환경에 큰 영향을 준 사건이 있었던 듯하다거나, 수십 년 넘는 과거 기록에서는 전혀 보이지 않았던 종을 이번에 처음 발견, 기록했으며 이는 어떤 변화 때문으로 보인다거나, 예전에는 6월 이전에 발견 기록이 없던 어떤 종을 이번에는 6월 이전에도 발견했으며 이는 기후변화 영향 같다거나, 과거에 어떤 종을 단 한 번 기록한 보고서가 있는데 직접 조사해 보니 이는 잘못된 결과인 듯하다는 것과 같이 과거 자료와 자기가 조사한 자료를 비교하며 원인을 분석하거나 의견을 제시해야만 연구라고 할 만합니다.

도감을 낼 때도 이와 비슷한 과정을 거칩니다. 예를 들어 분포 하나를 작성하려면 이제까지 발표된 채집이나 발견 기록을 가능한 찾아 모으고 그 자료와 자기 자료를 비교합니다. 그러다 이상한 점을 발견하면 원인을 추적해 해결하고, 자기 자료가 과거 기록 범위를 넘어서면 신중하게 갱신하며, 과거 자료와 자기 자료가 같은 범위라면 내용을 확신하며 동서남북 분포 한계선을 파악합니다. 그제야 '분포: 전국'처럼 간단한 한마디를 쓸 수 있습니다. 겉으로 드러나는 효과에 비하면 무척 수고스러운 일이지만 이런 과정을 거쳐 정보를 개정하는 일이 도감 작업에서는 가장 뜻깊습니다.

그런데 이따금 저자가 정말 이런 과정을 거치는지 의심스러울 때도 있습니다. 데이터를 만들어 내는 일은 수많은 사람이 쌓아 온 세월의 결과를 분석하고 자기 자료를 더하는 과정이니 직접 모든 일을 하기란 어렵습니다. 그래도 도감을 내려 한다면 몇 종이라도 스스로 생산한 정보를 넣어 갱신해야 하지 않을까요? 자기가 쌓은 자료가 빈약하다면 이전 자료라도 착실히 분석해야 할 텐데 그저 몇몇 책과 비교해 안전한 범위에서 베껴 쓰기만 한 원고를 볼 때면 많이 안타깝습니다.

예전에 있었던 일입니다. 곤충 도감을 준비하던 어느 저자에게서 상의할 일이 있다며 연락이 왔습니다. 대부분 종은 월동 형태를 모두 확인해서 해당 항목을 채웠는데 몇 종은 겨우 이름만 알고 활동 시기만 관찰한 정도여서 알, 애벌레, 번데기, 어른벌레 가운데 어떤 형태로 겨울을 나는지 알 수 없어 난감하다고 했습니다. 그러면서 생태 정보가 알려진 비슷한 외국 종이 있는데 그 내용을 참고해서라도 빈칸을 채워야 하는지 물었습니다. 그 물음에 바로 '모름' 또는 '확인하지 못함'으로 적자고 답했습니다. 주요 내용을 추출하는 일은 언뜻 간단해 보이지만 말 그대로 주요 정보를 한눈에 알 수 있도록 뽑은 것이므로 내용을 정확하게 실어야 합니다. 그러니 모르는 것은 차라리 모른다고 하는 것이 정확하지 않은 다른 정보로 채우는 것보다 낫다고 생각했기 때문입니다. 처음에 저자는 모른다고 적는 것을 민망해했지만 그리하고 나니 오히려 다른 종 정보가 훨씬 믿음직해지는 효과를 얻었습니다.

참고문헌과 찾아보기 정리

도감 작업을 끝낼 무렵 맨 마지막으로 하는 일이 참고문헌과 찾아보기 정리입니다. 특히 도감은 앞선 많은 자료를 참고해 작성할 수밖에 없으므로 참고문헌이 많습니다. 참고문헌 범위는 매우 넓어서 책, 논문, 기사, TV나 라디오 프로그램, 영화, 면담, 강연, 그림, 인터넷 자료 등도 해당하며 정리하는 방법도 여러 가지입니다.

참고문헌 정리 방법은 여러 학회에서 작성 지침을 정해 이에 맞춰 논문을 제출하도록 하면서 몇 가지 방식이 굳어졌습니다. APA(American Psychological Association, 미국심리학회), MLA(Modern Language Association, 미국현대언어학회), UPA(시카고대학교출판부) 방식을 많이 씁니다. UPA 방식은 시카고 방식이라고도 합니다. 이 외에도 하버드대학교, 국제전기전자기술자협회, 미국화학회, 국제의학학술지편집인위원회 방식 등이 있습니다. 자연과학 계열에서는 주로 APA 방식을 많이 쓰는데 막상 저자에게서 참고문헌 목록을 받아 보면 이런저런 방식이 뒤죽박죽일 때가 많습니다.

참고문헌에 꼭 써야 하는 내용은 저자, 책이나 논문 제목, 발행 연도, 발행처입니다. 이 외에 저자가 몇 명인지, 책인지 논문인지, 부제는 있는지, 잡지나 학회지라면 몇 호인지, 출판사 위치는 어디인지, 몇 쪽짜리 책인지, 몇 쪽을 참고했는지 등 상황에 따른 세세한 표기 규칙도 있으며, 각주나 내주처럼 참고문헌을 인용했다는 내용을 본문에 어떻게 나타내는지에 관한 규정도 있습니다.

저자가 한 명인 문헌으로 가정해 흔히 쓰는 방식 세 가지를 간략히 비교해 보겠습니다.

APA 방식: 성, 이름. (연도). *제목*. 출판 장소: 출판사.

MLA 방식: 성, 이름. *제목*. 출판사, 연도.

UPA 방식: 성, 이름. *제목*. 출판 장소: 출판사, 연도.

APA 방식은 저자 성 뒤에 쉼표/이름은 이니셜만 쓰고 마침표/괄호 치고 출판 연도를 쓴 뒤 마침표/책 제목은 이탤릭체로 쓰고 첫 단어 첫 글자만 대문자/출판 장소 뒤에 쌍점을 붙이고 출판사 이름을 쓰고 마침표를 찍습니다(출판 장소는 도시 이름 쓰고 쉼표를 찍은 뒤에 주나 도를 약자로 씁니다).

MLA 방식은 저자 성 뒤에 쉼표/이름 뒤에 마침표/책 제목은 이탤릭체로 쓰며 중요 단어 첫 글자는 대문자로 쓰고 마침표/출판사 뒤에 쉼표/출판 연도 뒤에 마침표를 찍습니다.

UPA 방식은 저자 성 뒤에 쉼표/이름 뒤에 마침표/책 제목은 이탤릭체로 쓰고 중요 단어 첫 글자는 대문자로 쓰며 마침표/출판 장소 뒤에 쌍점을 찍고 출판사 뒤에 쉼표/출판 연도를 쓰고 마침표를 찍습니다.

같은 문헌으로 APA, MLA, UPA 방식 순서로 적용해 보면 다음과 같습니다. 이 예시는 전형이며, 이를 참고해 조금씩 변형해도 됩니다. 특히 도감에서는 논문이나 책 제목을 이탤릭체로 쓰면 속명이나 종명과 헷갈리므로 제목을 정체로 쓸 때도 많습니다.

Hrdy, S.B. (1977). *The language of elephants*. Cambridge, MA: Harvard University Press.

Hrdy, S.B. *The Language of Elephants*. Harvard University Press, 1977.

Hrdy, S.B. *The Language of Elephants*. Cambridge, MA: Harvard University Press, 1977.

Wang, H.T., Y.L. Jiang & W. Gao. 2010. Jankowski's Bunting (*Emberiza jankowskii*): current status and conservation. *Chinese Birds 1*(4): pp. 251-258.

바로 위 글상자를 예로 살펴보지요. 이 책은 『중국의 새』라는 정기간행물 1권 4호 251쪽부터 258쪽에 있는 내용을 참고했으며, 인용한 논문 제목이 '점박이멧새'이고 부제는 '현황 및 보존'이라는 뜻입니다. 책의 권번은 기울여 씁니다.

저자가 세 명입니다. 첫 저자는 성을 쓰고 이름 이니셜을 썼는데, 뒤 저자 둘은 이름 이니셜을 먼저 쓰고 앰퍼샌드(&)로 연결했습니다. 보통 저자 세 명까지는 이런 형태로 표시하며, 세 명이 넘으면 세 번째 저자 뒤에 *et al.*를 씁니다. *et al.*는 라틴어로 '들', '외', '등'인 et alii /alia를 줄여 쓴 것으로 기울여 써야 합니다. 그리고 점박이멧새의 영어명인 Jankowski's Bunting 뒤 괄호 안에 넣은 점박이멧새 학명을 기울였으며, 뒤에서 책 제목도 기울였습니다. 참고한 쪽수가 여럿이어서 라틴어 복수 표시인 pp.를 썼으며 한 쪽만 참고했다면 단수인 p.를 붙입니다. 이 예에서는 APA 방식을 따르면서도 연도에 괄호를 치지 않았으며 이렇게 쓰는 일이 무척 많습니다. 또한 아무리 많더라도 저자를 모두 나열하기도 합니다.

예시를 보면 참고문헌 내용이 길어 두 줄이 되었고 문장 첫머리가 튀어나왔습니다. 참고문헌을 나열할 때는 이처럼 내어쓰기를 하는 것이 기본입니다. 독자가 저자 이름을 보고 해당 문헌을 빨리 찾는 데 도움이 됩니다. 그러나 문헌 첫머리에 점을 찍는다든가 번호를 붙이는 등 이런 규칙도 자유롭게 바꾸는 일이 많습니다.

다음 문헌도 살펴보겠습니다.

Paek, M.K. & Y.H. Shin. (2010). *Butterflies of the Korean Peninsula. in* Cho, Y.K.(ed.): <Nature & Ecology> Academic Series 1, Nature & Ecology, pp. 430.

이 문헌은 저자가 두 명이며 편집자가 있습니다. 편집자, 번역자까지 표기할 때 쓰는 방식입니다. 자연과생태 출판사의 아카데믹 시리즈 첫 번째 책이며, 자연과생태 출판사에서 펴냈고 전체 430쪽짜리 책이라는 뜻입니다. 편집자, 번역자 이름은 제목 뒤에 쓰고, 편집자라면 Edited by나 ed., 번역자는 Translated by나 trans.를 넣으면 됩니다.

우리나라 문헌인데 외국 사람도 봐야 한다면 앞서 소개한 몇 가지 방법에 맞춰 영어로 바꿔 주는 것이 좋습니다. 국내용 책이라면 저자, 연도, 제목, 출판사면 충분합니다. 임의로 만든 예시를 몇 가지 살펴보겠습니다.

노인향. 2016. 자연생태 개념수첩. 자연과생태.
노인향 · 박수미 · 정병길. 2016. 『자연생태 개념수첩』. 자연과생태.
노인향, 박수미, 정병길. 2016. 『자연생태 개념수첩』. 자연과생태.
노인향 외. 2016.《자연생태 개념수첩》. 자연과생태.

보통은 첫 번째처럼 정리하면 됩니다. 노인향이라는 사람이 2016년에 자연과생태 출판사에서 출판한 자료라는 뜻입니다. 저자가 여럿이라면 저자 이름 사이에 가운데점이나 쉼표를 찍으면 되고 저자가 셋 이상이라면 1저자만 두고 '외'나 '등'을 붙입니다. 그런데 이 자료가 책인지, 논문인지, 기사인지를 뚜렷하게 나타내고 싶다면 책에는 '『 』(겹꺾쇠)' 논문이나 기사에는 '「 」(꺾쇠)'를 붙입니다. 이것을 '《 》(겹화살괄호)'나 '〈 〉(홑화살괄호)'로 바꿔 써도 됩니다. 예를 들어 아래처럼 나타낸다면 1995년에 발행한 한국조류학회지 2권 1호, 77쪽에서 79쪽에 걸쳐 실린 「한국에서 물꿩(*Hydrophasianus chirurgus*)과 긴꼬리때까치(*Lanius schach*)의 첫 관찰」이라는 논문이라는 것을 알 수 있습니다.

> 박진영, 정옥식, 이진원. 1995. 「한국에서 물꿩(*Hydrophasianus chirurgus*)과 긴꼬리때까치(*Lanius schach*)의 첫 관찰」. 『한국조류학회지』 2(1): 77-79.

본문이 너무 복잡해져서 보통 많은 책에서는 생략하지만 본문을 기술하다가 참고나 인용 문헌이 나올 때 번호를 붙이고 본문 하단에 문헌을 밝히기도 합니다. 이때 '각주'와 '내주'라는 두 가지 방식이 있으며 각주는 인용문헌 전체를 넣어 주는 방식, 내주는 저자 이름과 연도만 넣어 주는 방식입니다. 도감에서는 보통 내주 방식을 쓰며 번호를 붙이고 '1. (백문기, 2010)'처럼 괄호 속에 저자와 연도를 넣지만 '1. 백문기, 2010'처럼 괄호를 빼기도 합니다.

영어로 참고문헌을 나타낼 때는 레퍼런스(References)와 비블리오그라피(Bibliography)라는 말을 주로 씁니다. 레퍼런스는 책에 직접 인용한 문헌만 수록할 때 쓰며 비블리오그라피는 직접 인용하지 않았더라도 참고로 살펴본 책도 수록합니다.

학회는 제시한 지침을 따르지 않으면 논문을 받아 주지 않으므로 학술 논문이나 연구 보고서를 써서 학회에 제출할 때는 이를 반드시 지켜야 하지만 책을 쓸 때는 이런 기준을 꼭 따를 필요가 없습니다. 다만 일관성 있게 표기하고자 한 가지 방식을 선택하는 것이 좋으며, 주요 요소를 넣고 나름대로 일관성을 유지한다면 스스로 방식을 만들어도 괜찮습니다. 그런 다음 가나다, 알파벳, 숫자를 내림차순으로 정렬하고, 한글, 영문, 한문, 인터넷 등 문헌 순으로 배열하면 그만입니다.

찾아보기는 대수로울 것이 없어 보입니다. 국명, 학명, 영명을 추출해 내림차순으로 정리해 주면 그만일 듯합니다. 그러나 좀 더 세심하게 독자를 배려한다면 학명 찾아보기에서는 다른 방식도 생각해 볼 만합니다.

학명 찾아보기는 주로 속명, 종소명, 아종명 순으로 이루어진 학명을 그대로 나열한 뒤에 내림차순으로 정리합니다. 그런데 실제로 종을 규명하는 것은 종소명이므로 무리를 나타내는 속명이 앞에 오기보다는 종명이 앞에 오도록 정리하기도 합니다. 아래에 두 가지 방식으로 정리한 찾아보기 예시를 살펴보겠습니다.

학명으로 내림차순 정리	종소명(아종명)으로 내림차순 정리
Carduelis sinica ussuriensis	*ulula, Surnia ulula*
Delichon urbicum	*ulula, Surnia*
Ninox scutulata ussuriensis	*uralensis, Strix*
Otus bakkamoena ussuriensis	*urbicum, Delichon*
Phalacrocorax urile	*urile, Phalacrocorax*
Strix uralensis	*ussuriensis, Carduelis sinica*
Surnia ulula	*ussuriensis; Ninox scutulata*
Surnia ulula ulula	*ussuriensis, Otus bakkamoena*
Tringa totanus ussuriensis	*ussuriensis, Tringa totanus*

학명(위)과 종소명(아래)으로 내림차순 정렬한 찾아보기입니다.

'어떤 속에 속하는 누구'라는 순서로 찾게 할지, '누구인데 무슨 속에 속한 종'으로 찾게 할지 차이입니다. 보통 생물을 잘 알지 못하는 사람이 보기를 바라는 도감에는 큰 틀에서부터 좁혀 나가도록 학명 그대로 정렬하고, 전문가가 보기를 바라는 도감에서는 종명 순으로 정렬합니다.

도감이 무엇인지
조금씩 그려 낼 수 있도록 해 준
독자, 저자, 함께 일한 편집자께
감사합니다.

머릿속에만 있던 생각을 밖으로 꺼내 차근차근 정리하면서 배운 점이 많습니다. 그리고 더 노력해야 할 부분도 많이 발견했습니다. 앞으로 이 길을 계속 걷다 보면 지금의 어설픈 생각이 부끄러워질 날도 오겠지요. 차츰 부족한 부분을 메워 가며 더 나은 도감을 짓겠습니다.

2018년 7월

조영권